生活因阅读而精彩

生活因阅读而精彩

有才而性缓，定属大才。有智而气和，斯为大智。

弘一法师

勇者从容
智者淡定

夏子轩 ⊙编著

中国华侨出版社

图书在版编目(CIP)数据

勇者从容,智者淡定 / 夏子轩编著.—北京:
中国华侨出版社,2012.1

ISBN 978-7-5113-1897-8

Ⅰ.①勇… Ⅱ.①夏… Ⅲ.①人生哲学–通俗读物
Ⅳ.①B821-49

中国版本图书馆 CIP 数据核字(2011)第 247550 号

勇者从容,智者淡定

编 著 / 夏子轩

责任编辑 / 尹 影

责任校对 / 王京燕

经 销 / 新华书店

开 本 / 787×1092 毫米 1/16 开 印张/17 字数/260 千字

印 刷 / 北京金秋豪印刷有限公司

版 次 / 2012 年 2 月第 1 版 2012 年 2 月第 1 次印刷

书 号 / ISBN 978-7-5113-1897-8

定 价 / 29.80 元

中国华侨出版社 北京市朝阳区静安里 26 号通成达大厦 3 层 邮编:100028

法律顾问:陈鹰律师事务所

编辑部:(010)64443056 64443979

发行部:(010)64443051 传真:(010)64439708

网址:www.oveaschin.com

E-mail:oveaschin@sina.com

前言 QIANYAN

票子、房子、车子、名誉、地位……置身于纷杂喧嚣、充满诱惑的现代生活中，我们追求的东西越来越多，心灵的空间越来越小。道不尽的艰辛、苦涩、失意、沮丧……令我们苦不堪言、心生疲惫。

每一个人都希望得到平静与和谐，这是我们极度缺乏的东西。如何实现呢？我们需要从容淡定。从容淡定是心境恬淡、平和、豁达、乐观、自信、潇洒、宽容……是对功名利禄的随意、世态人情的超脱。

有这样一则故事。

一场突如其来的大雨，街上的行人都匆匆忙忙地往前跑，其中不乏有形式各异的狼狈之相。只有一个人不紧不慢，甚至可以说是以一副优雅的姿态在雨中踱步。

旁人问："你怎么不快跑啊？"

那个人缓缓地答道："急什么，前面也下着雨呢！我正要看看雨景呢！"

当人们因突遭风雨而匆忙奔跑的时候，还能淡然、安定地欣赏雨景的人，一定是深谙从容淡定的生活智慧的，这种人的生命绿洲是永远不会被世间嘈杂扰攘的沙漠吞噬的，反而会盛开出高洁、清雅的兰花。

从容是为人做事不慌不忙、不躁不乱、不愠不怒、井然有序的气魄和勇气，淡定是"不以物喜，不以己悲"、心平气和去面对一切的智慧，从容而淡定可谓是难得的智勇双全。我们应该淡然安神，宁静致远，笑对人生。

在现代都市竞争的人性丛林，能够修炼成从容淡定应该是一种"翩翩渺渺自在飞"的福气，是一种"运筹于帷帷之中，决胜于千里之外"的能力。我们都是凡夫俗子，名利皆你我所欲，又怎能达到从容抑或淡定的大境界呢？

基于此，我们编写了这本《勇者从容，智者淡定》。在本书中，我们精心选取了许多典型的精彩事例和哲理故事，夹述夹议，深入浅出地教你如何用坦然的、豁达的、自信的、宽广的、超脱的以及爱的眼光等看待这个纷杂喧嚣、充满诱惑的世界……论题鲜明、结构严谨、行文流畅、说理透彻。

人生漫漫，如果你想摆脱世俗的羁绊、远离庸碌凡俗的困扰，如果你想拥有从容淡定的气度与心情，进而过上平静与和谐的生活，那么，请赶快翻开这本书吧，新的人生之旅即将开启……

目录 MULU

第一章

从容淡定是一种行为，一种境界

为了追逐一个又一个人生目标，我们步履匆匆，日夜兼程，甚至来不及欣赏道路两边的美景；为了实现一个又一个人生理想，我们苦苦追求，满脸疲惫，甚至无暇驻足于蓝天白云、鸟语花香之中，不知不觉，匆匆几十载已悄然而去。蓦然回首，已是容颜不再，心也沧桑。所以，我们为什么不停下匆忙的脚步？

第二章

从容淡定是一种气节，一种修养

大凡从容之人，都会找到自己准确的人生定位。在人生的座标上，会合理地规划出自己的人生轨迹。即使其身份卑微、社会地位低下，也不会妄自菲薄，不自轻自贱，能始终保持一份独立的人格，踏踏实实地做事、堂堂正正地为人、快快乐乐地生活。

第三章

从容淡定是一种坦然，一种自若

从容淡定之人，为人做事不慌不忙、不躁不乱、井然有序。面对变化，不惊不惧、不愠不怒、镇定自若、处之泰然。其中，"不以物喜，不以己悲"的坦然，是从容淡定；"宠辱不惊，看庭前花开花落；去留无意，望天空云卷云舒"的自若，亦是从容淡定。

第四章

从容淡定是一种豁达,一种乐观

　　生活之中,不如意事常八九。或许是梦想搁浅,或许是仕途艰辛,或许是飞来横祸,或许是人生变故……一些人在面对这些变故时会每天以泪洗面、悲痛万分却于事无补。而从容之人则能心态平和、从容应对,表现出一种难得的镇静与豁达,所以,我们要能心平气和去面对一切的不如意,有一笑而过的气魄和勇气。

第五章

从容淡定是一种潇洒，一种自信

面对人生中的各种复杂场面，从容之人自会深谋远虑、未雨绸缪。当风云四起、变幻莫测之时自会从容不迫，因为他们高瞻远瞩、未卜先知，不会被眼前的困境所蒙蔽，信心依旧、从容不迫。"运筹于帷帐之中，决胜于千里之外"，人生如此，该是何等的洒脱、何等的惬意。

第六章

从容淡定是一种超脱，一种自由

生活之中，很多事情是不以人的意志为转移的。从容之人决不会担心容颜早逝，不会痛心疾首昨日的失去，不会耿耿于怀他人的成就，更不会忧心忡忡明天的日子，他们知道在纷繁的尘世中，受约束的是生命，不受约束的是心情，他们能让一颗自由之心越过尘世，在广袤的天地间翱翔。

第七章

从容淡定是一种简约，一种精进

从容淡定，并非不思进取、消极厌世、慵懒沮丧、驻足不前。从容淡定的人会参透世事，化纷杂为简单。无论从事何种工作，都会固守一方可耕作的田园，辛勤劳作，永不停歇。

第八章

从容淡定是一种品位，一种情趣

从容淡定的人会营造良好的精神家园，懂得生活情趣：他们会博览群书、钟爱艺术、侍弄花鸟虫鱼等，自得其乐。有亲近自然之心，必然能珍爱阳光雨露，能聆听天籁之音，能欣赏鸟语花香，能拥有碧海长空。

第九章

从容淡定是一种宽广，一种包容

在世间的嘈杂纷扰中，有太多的隔阂和争吵。在纷繁复杂的境遇下，只要我们的心态宽广一点儿、包容一点儿，学会换位思考、善解人意，很多时候就可以化繁为简、从简从初，那么我们自然就会心安神定、波澜不惊，换来从容淡定的人生。

第十章

从容淡定是一种安心,一种随意

心灵有一方净土,故而,面对地位比我们高的人,不奴颜屈膝、巴结敬畏;面对地位比我们低的人,不盛气凌人、颐指气使。不会因贪图财富而不择手段,不会因称美高位而突击钻营,不会因追逐名利而忘掉气节。

第十一章

从容淡定是一种善待，一种自爱

> 能善待自己，多倾听生命的声音，多采撷人性的光辉，就获得了自由、获得了快乐；而快乐是一切美好事物的源泉，如此，我们定能获得一种从容淡定的活法，并时时在高质量的生活海洋中畅游。

第一章

从容淡定是一种行为，一种境界

为了追逐一个又一个人生目标，我们步履匆匆，日夜兼程，甚至来不及欣赏道路两边的美景；为了实现一个又一个人生理想，我们苦苦追求，满脸疲惫，甚至无暇驻足于蓝天白云、鸟语花香之中，不知不觉，匆匆几十载已悄然而去。蓦然回首，已是容颜不再，心也沧桑。所以，我们为什么不停下匆忙的脚步？

选择正确的方向,人就容易淡定

不管什么时候,方向比速度更重要。我们一定不能像老黄牛一样埋头拼命拉车,而要在"百忙"之中抬头看看方向,方向正确了,才能避免走弯路,才能做正确的事,才更有资本做一个从容而淡定的人。

每个高尔夫球手都尽力把球打得更远, 这项运动要求几个动作同时进行,在此过程中,各种错误都可能发生。很多高尔夫教练都会指导初学者说,把球打直要比打远更重要,方向比距离更重要。

人生就像打高尔夫球,错误的方向只能让我们离目标越来越远,方向错了,加快速度也只能是错上加错,令我们难以从容淡定。正如荷马史诗《奥德赛》中的一句至理名言所说:"没有比漫无目的地徘徊更令人无法忍受的了。"

现实中,很多人匆匆赶路并形成了惯性,就一直那样盲目地走下去,结果去了不该去的地方,做了不该做的事情,没有换来成功,甚至毫无作为,虽不能否认他们的勤奋和努力,甚至还会被他们的毅力和精神打动,但仍然要说他们是个失败者,因为这是 个以成败论英雄的年代。

18世纪的时候,欧洲探险家们发现了一块"新大陆"——澳大利亚。

英国派弗林达斯船长带队,开足马力驶向澳大利亚,为的是抢先占领这块宝地。与此同时,法国的拿破仑也想成为澳大利亚的主人,他派了阿梅兰船长驾驶三桅船前往澳大利亚。于是,英国和法国展开了一场赛跑。

阿梅兰船长驾驶三桅船率先到达了,他们占领了澳大利亚的维多利亚,并将该地命名为"拿破仑领地"。随后几天，他们都没有看到英国的船队到达，因此他们以为大功告成，便放松了警惕，他们悠然地欣赏着那里的美景，并发现了当地特有的一种珍奇蝴蝶。阿梅兰船长非常高兴，为了捕捉这种蝴蝶，他带着全体船员出动，一直纵深追入澳大利亚腹地。

就在阿梅兰船长带着队伍追逐蝴蝶的时候，弗林达斯船长带队也来到了这里。他看见了法国人的船只和营地，以为法国人已占领了此地，因此非常沮丧，但是仔细一看却没有发现法国人，于是，他命令手下人安营扎寨，并迅速给英国首相报去喜讯。

阿梅兰船长带队兴高采烈地带着蝴蝶回来了，可是澳大利亚已经成为了弗林达斯船长的战利品，这块土地足足有英国领土那么大。看着曾经属于自己的东西如今已经牢牢地掌握在英国人的手中，阿梅兰船长急得直跳，感到无尽的悔恨。

两国船队的方向开始都是澳大利亚，法国人虽然提前到达了目的地，但是他们没有继续沿着原有的方向前进，因为几只蝴蝶就偏离了航向，没有保住自己的劳动成果，结果导致功亏一篑、前功尽弃。自己曾经历经艰辛换来的东西，如今已经牢牢地掌握在别人的手中，这让人怎么能够从容淡定呢？

不管什么时候，勤勉和努力固不可少，但方向比速度更重要。在人生的道路上，前进的速度可以调节，但首先要明确方向，如果方向是正确的，即使走得慢也能做出成效，目标就不会遥远，从而避免忙忙碌碌而又毫无作为。

袁腾是一家互联网公司的老板，公司现拥有30多名员工，年营业额两千多万。然而，就在5年前，袁腾还是一家公司的技术员，每天背着包到处去维护网络，忙忙碌碌的日子让袁腾觉得很充实，却少了一种人生的方向感。

记得一个下午，袁腾在一家网吧维护网络时，网吧老板对着网管说："去看看那个修电脑的修好了没？"虽然只是简单的一句话，却让袁腾明白，如果不想一辈子修电脑，只能创造属于自己的公司。

这句话，就像一个方向盘砸在了袁腾的头上，把他砸醒了。从那以后，袁腾专心研究技术，每到一家公司后，都会和公司的技术人员、业务人员和管理人员交流。两年后,袁腾带着梦想从公司辞职,创建了一家小公司。

创业初期是艰苦的,当别人早已睡觉的时候,袁腾还在研究如何接到充足的业务订单;当别人高消费的时候,袁腾低消费为了节省日后的硬件开支;当别的老板买车的时候,袁腾还骑着几年前买的电瓶车,为了能让公司的资金更加充裕。

靠着这种对未来的前瞻,袁腾的公司发展得很快。创业5年的时候,袁腾公司的年营业额已达两千多万。

因此,在实现人生目标的过程中,我们一定不能像老黄牛一样埋头拼命拉车,而要在"百忙"之中抬头看看方向,随时反省和思索最根本的方向性问题,把自己的人生路径逐渐导向一个正确的方向上。

方向正确了,才能避免走弯路,才能做正确的事,才能避免苦苦追求、满脸疲惫地瞎忙,发展的道路才会越走越宽,最终实现自己心中的梦想。也唯有此,我们才有观看道路两边美景的闲情逸致,做一个从容而淡定的人。

不必处处争第一,"暂停"让生活更美好

人生不是竞争,不必把赚钱当成最大的光荣。在努力打拼的同时,别忘了学会随时停一停。暂停不仅能让身体得到休息,更让心灵得以卸载。或许,幸福的生活正在后面奋力地追赶着我们,只要我们停一停,它就会与我们会合。

第一意味着鲜花和掌声,意味着荣誉和尊严,在实际生活中,不少人把第一当成最大的荣耀,不甘落后、不甘平庸,总是习惯于为第一而奋斗,并为此不断地追赶,奋力地奔跑,让自己一刻也无法放松。

　　然而，"见第一就争"作为一种口号固然能起到激励士气、鼓舞斗志的作用，但要作为一种切切实实的具体行动，为此步履匆匆、日夜兼程，甚至苦苦追求，却是不尽可行的。

　　这是因为，山外有山，人外有人，第一名只有一个，处处争第一很难，而屡争不得，第一的诱惑总在眼前，身心皆被驱使着，生命可能就会变成劳役。更何况，世界上没有永远的第一，当了第一的人尝尽众人之上的滋味，如果日后有所下落，感受的可能就是心理失衡。

　　人生不是竞争，不必把赚钱当成最大的光荣。在努力打拼的同时，别忘了学会随时停一停。暂停不仅能让身体得到休息，更让心灵得以卸载。或许，幸福的生活正在后面奋力地追赶着我们，只要我们停一停，它就会与我们会合。

　　暂停不是原地踏步、得过且过，而是坐下沉思、反省自身；暂停也并非停滞不前、坐以待毙，而是调整方向、重新计划；暂停亦不是精神颓靡、自暴自弃，而是一种蓄势待发，广采众家精华，再起斗志。

　　我们应该从容淡定一点儿，人生就像一场龟兔之间的长跑比赛，不管在赛跑的过程中谁跑得快或慢，不管你是乌龟或是兔子，只要没有到达终点，谁也不知道谜底到底是什么，自然也就没有第一可言了。

　　即便你暂时落后于别人也并不能够代表什么，落后是暂时的，你不必被暂时的落后蒙住眼睛，情绪变得急躁焦虑，而是应该学会暂停一下，思考怎么努力改变这种状况，如此才能有反败为胜的契机。更何况，每个人都有属于自己的人生，每个人都是和自己赛跑的人，人最大的敌人不是别人而是自己，你没有必要和别人一比高下，而是要学会和自己比第一，勇与自己比高下，战胜自己、超越自己。

　　不要和别人一比高下，回头看看从前的自己，你的成绩比从前进步了吗？你的工作比过去更称心吗？你的生活比从前更美好吗？你的身体比过去更健康吗？你的家庭关系比从前更和谐吗？

　　找准自己的方向，并选择一条适合自己的路，脚踏实地地去努力，每天进步一点，不断提升自己、不断优化自己，比从前的自己更出色，这会让你有能力让自己过得更好,自然也就称得上人生的优胜者。

楚晴和雅莉是大学时代的同窗好友,楚晴的才华、人品及家世都好,所以步入社会后,在长辈的提携下,事业一帆风顺,仅用了7年时间就位居某公司经理职位了,一时间成为社会名人,意气风发、不可一世。而雅莉虽有才能,不知是努力不够还是运气较差,几年下来换了几次工作却始终不如意。

昔日同学有着不同风光,雅莉觉得自己是失败的人,一度陷入了自卑的情绪,她将自己关在房间里谁也不见。"在学校的时候我处处领先楚晴,我现在为什么落后了?""不!我应该还没有失败吧"……过了几天,雅莉重新振作了精神,她找了一份与自己专业相近的工作,踏踏实实地做了起来,并努力培养自己的实力。

几年后,楚晴因经营不善而使公司面临财务危机,只好结束营业,致使多年资源付之一炬;而雅莉脚步虽慢,但是采取稳扎稳打的方法,并以其多年累积的经验、实力及资源获得了施展的空间,事业渐入佳境。

不为外界的人事所驱使,你就能把注意力集中在自己身上,执著于自己的目标而不是别人的成就上,也就不会去为暂时的落后自寻烦恼和制造失意了。你得承认,这是一种从容淡定的美好,而且值得我们追求。

总之,人生是一条长路,在半路的时候,你会看见你前面有人,或者后面也有人,这时候,如果你纠结于落后前面的人,那么后面的人也会追赶上来。但是如果你按下"暂停"键,思考一下后加倍努力,前面的人就会被你超越。

不要因为忙碌的节奏而打乱了
自己的清闲生活

在人生的道路上，不管我们走得多快，都无法赶得上正在寻找的东西，不知不觉中，我们就会失去从容淡定的心态。与其这样，我们不如用一种恬淡与安适的心境欣然面对平凡的日子，享受轻松生活的美妙和芬芳。

美国人富兰克林的一句"时间就是生命，时间就是金钱"激励了好几代人，在这个竞争激烈的现代社会，人们习惯了只争朝夕的生活模式，都拼命地向前奔跑，日复一日、年复一年，可惜的是，我们的生活并没有因此变得美丽。

在过快的生活节奏下，我们在不知不觉中失去了平静，失去了从容淡定的心态，无论如何也难以按下那股浮躁、不安和焦灼的情绪，健康状况亦极度恶化，结果导致心累体衰，根本来不及体验生活的美好和芬芳。

一天，有位年轻人到河边去钓鱼，邻旁坐着一位老人，也在钓鱼。二人的距离很近，用的鱼饵也相同，但是，令年轻人奇怪的是，老人家不停地有鱼上钩，而自己一整天都没有什么收获。

最终，年轻人沉不住气地问："老人家，为何你能钓到那么多鱼，而我却一无所获？"

老人淡淡地一笑，很从容地说："钓鱼是一个很需要耐心的工作，我心平气和，只知有我而忘记了有鱼，所以手不动，眼也不眨，鱼不知道我的存在；而你一心想着让鱼儿快快上钩，快快钓上鱼，连眼也不停地盯着鱼，情绪急躁，线稍微一抖动你就快速拉线，鱼不让你吓跑才怪，又怎会钓到鱼呢？"

拼命地向前赶路，只会扰乱你的心绪，影响自己实现目标的计划。其实，生活中的很多事情就如鱼竿上的鱼一样，对待它们不可太急躁，否则，它们不仅不会上你的"钩"，还会给你带来一些负面的情绪。

在生活中，我们是否也会这样：只要有任务或者有事情等着自己去做，就会马上动手去做，嘴里喊着快、快、快；遇到繁琐的事情恨不得来个"快刀斩乱麻"，想一下子都把问题解决掉，如果问题一旦解决不了，就会产生挫败感，心神不宁……

约翰·列侬曾经说过："当我们正在为生活疲于奔命的时候，生活已经离我们而去。"的确，如果一味地逼迫自己忙着赶路，神经跟上紧的发条一样，仿佛永远无法平静下来，不能以宁静的心灵去面对，就会感到心力交瘁或迷惘躁动，整天被无谓的痛苦所束缚，生活反倒索然无味了。

有这样一个故事。

有这样一对乡下父子，他俩每年都会把家里的粮食、蔬菜装在破旧的牛车上运到家附近的镇上去卖。儿子是个性子急躁的人，总是很着急地赶路，而父亲则总认为凡事不必着急，要享受赶路过程中的快乐。

一天清晨，这对父子又一次赶着旧牛车到镇上去卖粮食、蔬菜。儿子想在天黑之前赶到集市，很着急地赶路。"放松点儿，儿子。"父亲依然这样对儿子说。儿子却不听，坚持要走快一些，用棍子不停地催赶拉车的牛，要它走快些。

快到中午了，父亲在路上遇到了一个老朋友，便邀老朋友一起到路边的茶馆喝喝茶、聊聊天。儿子不停地催促父亲赶路，但是父亲却坚持要与很久不见的熟人聊一会儿，最后才依依不舍地与老朋友告别。

他们又一次上路了，走到了一个岔道口，父亲说西边的路边有漂亮的风景，边走边欣赏风景多好。而儿子则认为挣钱比欣赏路边的风景更好，但他最终没有执拗过父亲，就走上了西边的路。面对路边绿油油的草地、漂亮的野花和清澈的河流，父亲满心喜悦，儿子却视而不见，急匆匆地拼命加快脚步。

最终，他们没能在天黑前赶到集市，只好在路边过夜。父亲对儿子说："放松些吧，这样你可以活得精彩一些。"说完他倒头便睡，鼾声顿起；儿子却很是焦虑，担心明天早上还赶不到目的地，毫无睡意。

直到到了山上的集市，儿子才松了一口气，停下急切的脚步，他的眼睛不自觉地瞄向了山下的湖光山色之中，竟然发现路途的风景是如此的美丽，可是这一路走来如此匆忙，他完全没有发现。

很多时候，我们就与故事中的儿子一样，在人生的道路上不断地奔跑，不断地奔着下一个目标奋进，于是，我们的生活就被忙碌和烦恼以及一个个的目标所占满，心里、眼里也只剩下这个目标。当我们回首的时候，却突然发现因为自己匆忙的赶路而失去了一些最为美好的事情。

在人生的道路上，不管我们走得多快，都无法赶得上正在寻找的东西，因为它永远在前面时间的激流中。与其这样，我们不如用一种恬淡与安适的心境欣然面对平凡的日子，享受生活的清闲和美妙。

有一个外国商人，他坐船到了西班牙海边的一个渔村。在码头上，他看见了一个渔夫从海里划着一艘小船靠岸，船上有好几尾大鱼。

外国商人对渔夫能抓到这么大的鱼表示赞叹，然后问他："您每天要花多少时间才可以抓到这么多鱼？"

渔夫回答："一会儿工夫就抓到了。我不用费多大力气。"

商人说："为什么你不再多抓一会儿？这样你就可以抓到更多的鱼了。"

渔夫不以为然地说："这些鱼已经够我一家人一天的生活了，我为什么要抓那么多呢？"

商人又问："你只是花一小会儿的时间抓这些鱼，剩下的时间你怎么打发呢？"

渔夫说："我每天的事情很多啊，我睡到自然醒，然后出海抓几条鱼，回去和孩子们玩一会儿，再睡个午觉。黄昏的时候到村子里找几个朋友喝点儿酒，再弹会儿吉他。日子过得也很充实。"

商人听了摇了摇头，并且帮他出主意："如果我给你出一个主意你就可以挣大钱。你应该多花一些时间去抓鱼，然后攒钱买条大些的船。到时候你就可以抓更多的鱼，再买渔船，到时候你就可以拥有一个渔船队。你直接把鱼卖给工厂,这样可以挣更多的钱,然后你还可以开一家罐头厂。这样你就可以离开渔村,到城市里去做有钱人。"

渔夫问:"我要达到这些目标需要花多少年的时间呢?"

商人说:"大概需要 15 年到 20 年。"

渔夫问:"然后呢?

商人说:"然后?然后你就会更加有钱,你可以挣好几个亿呢!"

渔夫问:"再然后呢?"

商人说:"那你就可以退休了,你可以搬到海边的小渔村去住,享受清新的空气,每天睡到自然醒,然后出海抓几条鱼,回去和孩子们玩一会儿,再睡个午觉。黄昏的时候到村子里找几个朋友喝点儿酒,再弹会儿吉他。"

渔夫听完,非常不解,他说:"难道我现在的生活不就是这个样子吗?为什么我还要花那么多的时间去折腾自己呢?"

商人最终无话可说。

人生的旅程就像坐火车一样,从起点到终点,有的人埋头看书,有的人玩牌喝茶,有的人欣赏沿途的风景。到了终点站以后,每个人的收获都各不相同,有的人说太闷了,有的人说太无聊了,而有的人却说路上的风景太美了。显而易见,收获最多、心情最愉快的是那些沿途看风景的人。

人生苦短,何必要活得那么累呢?为什么不给自己留一点儿时间呢?不因为忙碌的工作而浮躁了自己的心灵;不因为忙碌的节奏而打乱了自己的清闲生活;不因为忙碌的日子而错过了沿途的风景。如此,你会发现人生是如此美好。

"慢"步人生路，牵着心儿散散步

生命的乐趣绝不在于不断地奔跑，而在于感受多样多彩的过程。放下快节奏的脚步，牵着心儿散散步。心若静，尘自飞；心若安，尘自乱。如此，无尘的心便轻舞飞上天堂。内心的世界愈来愈无边际，你愈能从容淡定地穿梭在世界中。

很多时候，我们是在一步步看似慢然的过程中感受到了生活的甜酸苦辣，如此，人生才充满了乐趣。所以，在生活或工作中，我们无须去苦苦苛求自己，要不时地停下来欣赏一下生活中的美妙。

一个哲人讲了这样一个故事。

"上帝给我分派了一个任务，让我牵一只蜗牛出去散步。于是，我就照做了。在途中，我尽管走得很慢，尽管蜗牛已经尽力地在爬，可每次总是只能挪动那一点点距离。于是，我开始不停地催促它、吓唬它、责备它。蜗牛也只是用抱歉的眼光看着我，仿佛说自己已经尽力了。我恼怒了，就不停地拉它、扯它，甚至想踢它，蜗牛也只是受着伤、喘着气，卖力地往前爬。

我想：真是太奇怪了，为什么上帝要我牵一只蜗牛去散步呢？于是，我开始仰天望着上帝，天空一片安静。我想，反正上帝都不管它了，我还管它干什么？任由蜗牛慢慢往前爬吧，我想丢下它，独自往前赶路。于是，我就放慢了脚步，想将它放下，静下心来……咦？我忽然闻到了花香，原来这边有个花园，我感到微风吹来，原来此刻的风如此温柔……而我以前怎么都没有体会到呢？

我这才想起来，莫非是我犯了错误，所以上帝叫蜗牛牵我来散步……"

　　一味地追求速度，往往使精神时刻处于紧绷的状态下，无暇享受片刻美好的生活。放下快节奏的脚步，牵着心儿散散步。心若静，尘自飞；心若安，尘自乱。如此，无尘的心便轻舞飞上天堂。

　　诚然，我们不可能让世界慢下来，但我们至少可以让自己的脚步再慢一点儿，让时间不再时刻都有棱有角，而一如流水般柔软，渐渐地你便会发现，内心的世界愈来愈无边际，使你能够从容淡定、游刃有余地穿梭在世界中。

　　既然我们有机会来到这个多彩多姿的世界里，就应该像一个旅行家，不仅要跋山涉水，走完我们的旅程，更要懂得欣赏与流连。放慢脚步，充分享受生命的过程，心性便会被源源不断的美丽所滋养。

　　经过自己几年的辛苦打拼，王刚已经是一家大型企业的市场经理，他每天的生活就像上足了劲的发条一样，被传真、资料、合同以及各种方案充塞得满满的，即使是在上下班的路上，也是匆忙地开着车。

　　一天，王刚仍然如往常一样，到很晚才从公司出来。王刚的车今天限号，所以没有开到公司来，他只好站在路边等出租车，但不知什么原因，出租车始终都不来，由于家离公司并不算远，他决定走着回去。

　　这时，王刚不经意地一抬头，惊讶地发现，星星在丝绒般的夜幕中闪烁，洋溢着一种无言的美丽，一如他大学毕业前的最后一晚。那晚，他和几个要好的同学躺在学校的草坪上看着美丽的星空，他们被血脉中扩张的青春激动着，广袤的星空与未来的前途一片光明。可是自从走入社会后，他就一直保持着向前奔跑的姿态，工作也总是显得太忙，几乎再没有时间去注视夜晚的星空了，心也变得空空的。

　　王刚被深夜寂静而美丽的星空震撼了，他感觉内心被埋藏已久的、最简单的快乐又蠢蠢欲动了，这让他感到浑身充满了活力和希望。从那天夜里开始，他决定放慢脚步，不再去追求过快的速度。

　　诚然，我们已经在自己的过分苛求下习惯了忙碌的生活，这样无论如何也欣赏不到路途中的美丽风景。如果我们能够淡然一点儿，让此刻的自己松懈下来，走慢一点儿，就可能从容一点儿，从而体会到生命的真谛。

庆幸的是，在经历了一个极大的忙碌过程之后，"慢生活"在全球悄然兴起，旨在教人们如何去放慢节奏、享受生活。那么，我们不妨向前人学习，放慢脚步，返璞归真，重新找回带着心灵散步的节奏。

1986 年，意大利人 Carlo Petrini 推动了一项全新的运动："慢食运动"，提倡要以慢慢吃为开始，以提醒生活在高速发展时代的人们：请慢下来，留心身边的美好。在这之后，"慢食"风潮从欧洲开始席卷全球，并由此发展出一系列的"慢生活"方式。

2005 年秋季，意大利人贡蒂贾尼成立了"慢生活艺术"组织，并倡议"世界慢生活日"，也称全球慢生活日。

2007 年 2 月 19 日，在第一个"世界慢生活日"里，贡蒂贾尼和其他组织成员装扮成警察，来到米兰中心广场，向行色匆匆的路人开出自制的"超速罚单"。当天的"超速罚单"共发出了 500 张。

在第二个"世界慢生活日"，类似的活动在美国纽约联合广场上举行。贡蒂贾尼回忆说："纽约人收到我们的'罚单'后说，愿意加入我们，放缓生活节奏。"

在第三个"世界慢生活日"，贡蒂贾尼和同伴出现在日本东京，戴上了自制的意大利警察帽，向行人发放传单，并对走路太快的人开"罚单"。他们倡议人们减慢生活节奏，因为"慢生活，才快乐"。

第四个"世界慢生活日"，在意大利，人们庆祝了"世界慢生活日"，当天，意大利许多城市的民众可以享受到免费的公共交通，政府还在街头组织诗歌朗诵比赛，人们甚至可以尝试免费的瑜伽和太极练习，同时还对那些步伐过快的人予以"模拟"处罚。

"慢生活"不是磨蹭，更不是懒惰，而是让速度的指标"撤退"，在快速和缓慢之间找到一种可贵的平衡，找到适合每一个人自身的节奏。这里的"慢"是一种境界，一种回归自然、轻松和谐的境界。

生命的乐趣绝不在于不断地奔跑，而在于感受多样多彩的过程。每天早晨出来呼吸一下新鲜的空气、听一首优美的曲子，抑或是在休息时给朋友送去自己亲手做的糕点，或者是陪着父母一同坐在电视机前说一些琐碎的家常,又或者一家三口一同出去郊游,都可以让心灵获得极大的放松,获得多样的幸福人生。

总之,放慢脚步就是让自己驻足在一个没有过去、没有将来,只有现在的地方。当我们停止疲于奔命、"慢"步人生路、牵着心儿散步的时候,就会发现生活中原来还有那么多未被发掘出的美。

为自己减压,走出"高压族"的"魔圈"

适当的压力可以促人奋发图强、激发潜能、成就梦想,但过分的压力则是让我们心态失衡的罪魁祸首。既然如此,我们不妨学着适当地放下压力,这样,我们才能获得内心的安宁和平静,始终从容不迫地张弛命运之簧,弯而不折,曲而不断。

随着生活节奏的不断加快,随之而来的便是沉重的压力以及压力导致的一系列不良反应。很多人因此感觉活得越来越压抑,越来越没有自己的空间,进而出现了一系列身心健康的问题,其特点是:

1.经常感到疲劳、困倦,该睡的时候不能成眠或常常被惊醒;

2.常常无端觉得厌倦,莫名原因的情绪低落和焦虑;

3.形成各种身心疾病,如高血压、心脏病、抑郁症等;

4.时常萌生不想工作的念头,甚至有人感觉到压力让自己变得窒息;

5.害怕变化、不愿意尝试新东西,对未来有恐惧感。

身体健康受到威胁、情绪低落不振,我们称这一系列的反应为"高压族"身心健康的"魔圈",而这些势必会造成一个人工作和生活的满意度下降,严重影响到我们的工作效率和生活质量。

我们不禁要问：压力到底源于何处？答案自然会有千千万，有人说压力来源于孩子太小需要照顾，有人说子女升学、住房问题没有解决让人倍感重压，还有人说物价上涨、工资太低、工作繁重、竞争激烈，等等，这些都是压力，压力仿佛无处不在。

俗话说："生于忧患，死于安乐。"适当的压力可以促人奋发图强、激发潜能、成就梦想。但是，压力过大的话，很多人会陷入无助的恐慌当中，心情也开始莫名地烦躁，陷入"高压族"的"魔圈"，到头来难过的还是自己。

明帆是某著名公司的管理人员，在公司工作的4年中，领导对他的评价是：思维敏捷、办事麻利、工作能力极强。而同事和下属对他的评价却是：不够宽容、激动易怒、做事手段太强硬。评价如此不同，源于他的压力太大。

在公司内部，只要是上级部门下达的工作任务，明帆总能够提前完成工作任务，为此，他总是能得到领导的表扬。但是，为了提前完成工作任务，他对下属的要求却是十分苛刻的，明明需要3天才能完成的任务，他却要将工作任务压缩到两天，不仅把自己搞得焦头烂额，也让那些执行任务的员工忙得手忙脚乱，精神压力过大。同时，如果哪个环节出了问题，拖延了时间，明帆不仅会大发雷霆，而且还会扣除相关员工的月奖金，让他的下属苦不堪言。

对此，明帆也有自己的理由："我其实也不想把大家搞得那么紧张，但是竞争这么激烈，不讲究高效率只能被淘汰，只能加快速度。其实，我平时的工作压力大极了，头痛、失眠、焦虑经常伴随着我，而且整个人经常会莫名其妙地处于焦躁不安之中，动不动就想发脾气。对此，我也十分苦恼。"

在本事例中，明帆为了工作而工作，为了事业而事业。面对压力，他很少想工作与事业究竟为了什么，他被压力蒙住了双眼，忘记了忙碌的初衷，所以只会让自己的情绪变得焦躁不安，造成了更大的麻烦。

也许有的人会认为，在这个竞争激烈的社会，人人都在拼命地向前赶路，压力不是自己所能选择的，而是社会所逼迫、所期待的。然而，当你看完下面这个故事，也许你就不会这么认为了。

诺尔格兰是一位心理学家，常年在波兰工作。有一年，他想做一个心理研究——死亡实验。顾名思义，就是研究与死亡有关的实验。不过因为生命对于每一个人来说都是弥足珍贵的，因此他一直找不到合适的实验人。

1981年，诺尔格兰的实验机会来了，波兰有一个叫费多洛夫的死刑犯，诺尔格兰给法院和政府当局写了申请，请求获准在这个犯人身上做实验，并且写信给费多洛夫，希望他能够答应自己进行这个实验。

后来，费多洛夫同意了诺尔格兰的请求，相关部门也予以批准。这下，诺尔格兰激动万分，正式开始实验。这个实验是想搜集心理方面的数据，主要看心理对人的影响。为了做这方面的研究，诺尔格兰已经做了很多的准备，而且做了很多的假设，就等着实验来验证他的这些假设了。

实验开始前，诺尔格兰将费多洛夫绑在椅子上，并且用布蒙住了他的眼睛。诺尔格兰这么做，是让黑暗使费多洛夫的感觉更加强烈和敏感。接着，他用刀在费多洛夫的手上划了一道，告诉他，他的动脉被划破了，并且用滴水的声音模仿滴血的声音给他听，然后告诉他血在慢慢滴下来。

听到自己流血的声音，费多洛夫非常紧张，感到自己快死了。3分钟后，诺尔格兰让助手把滴水的声音减缓，让费多洛夫觉得自己的血已经快要流尽了。一下子，费多洛夫感到死神就在面前，他的心理压力骤然增大。没过多久，他的呼吸开始慢慢减弱，心跳也慢慢地变缓了。后来，费多洛夫的心脏停止了跳动。

令人们惊讶的是，费多洛夫并不是被诺尔格兰所杀，而是死于自己的心理压力。因为诺尔格兰并没有割断费多洛夫的动脉，他只是在费多洛夫的手上划了一个小口子，他的血也没有流掉多少，根本达不到那种让他死亡的程度。

或许这个故事有些夸张，但是它告诉我们，种种压力并不是外界所能给予我们的，其实都是我们人为地给自己身上添加了额外的砝码，所以生活中的压力并不可怕，我们有能力操纵他、主宰它，使自己不受其害。

如何做呢？停止给自己不断加压、放下压力、放宽心态。只有这样，才能让自己的内心时刻保持从容淡定，才能得到一个健康、快乐的身心，从而找出解决问题的方法，进而迎接生活中的每一次挑战。放下压力的确是解决压力的最好办法。

一个被压力所困的年轻人找到大学时期的心理学讲师，希望老师可以告诉自己如何正确对待压力。

老师递给他一杯水，问道："你说这杯水有多重？"

年轻人有点儿不屑地摇摇头，说："很轻，也就20克。"

老师没有再多说什么，而是一直让他举着。过了一段时间，又问："重吗？"

这时，年轻人举杯子的手已经感觉有些酸痛了。他换了一下手说："感觉很重，好像有500克。"

从20克到500克，两次回答，悬殊竟然这么大。

老师说："其实杯子的重量没有发生任何变化，变化的是时间。同一个杯子，举的时间越长，你感到的分量就会越重。"

年轻人若有所思地听着老师的话。"倘若我们总是将压力扛在肩上不放，压力就像水杯一样，会变得越来越重。早晚有一天，我们将不堪其重。而正确的做法是，放下水杯，休息一下，以便再次举起它。"

年轻人这才恍然大悟：勇于放下压力，才能让自己一身轻松。

在承受不了的时候适当放下，放下那些带给自己无尽压力的事情。这不是在向困难低头，也并非是向命运妥协，而是为了获得内心的安宁和平静，这样，我们才能始终从容不迫、游刃有余地张弛命运之簧，弯而不折，曲而不断。这就像大自然中的雪松一样，每当雪花逼近时，它那富有弹性的枝丫就会弯曲，使雪滑落下来。因此，无论雪下得多大，雪松始终完好无损。

这里的关键在于，要能做到"拿得起，放得下"，工作时就能全身心投入，高效运转；休息时就能充分放松，把工作完全放在一边。不要工作时对登山观海总是牵肠挂肚，而真正有时间闲下来的时候又无所事事。

总而言之，为了实现一个又一个人生理想苦苦追求并不是错，但要尽量避免逼迫自己，要时时懂得放下压力。放下压力，是一种至高至善的人生艺术，也是一种洒脱的生活境，必须潜心修炼。

远离浮躁，做一回心淡恬静的"素心人"

浮躁就像一个黑洞，于无声无息中吞噬着我们本来宁静的灵魂，无论是在事业还是生活上，我们必须远离浮躁，让人性回到本真状态，获得一种充实、丰富、自由和纯净的状态，从而时刻保持对工作、对生活的绝对掌控，真正享受人生。

所谓浮躁，就是心浮气躁。在这个瞬息万变的物质世界中，不少人为外界所影响，出现了浮躁心理。而浮躁就像一个黑洞，于无声无息中吞噬着人们本来宁静的灵魂，是成功、幸福和快乐的最大敌人。

浮躁的表现形式多样，概括起来大致有以下几种：不切实际、好高骛远、这山望着那山高；不思进取，不求有功，但求无过；眼高手低，满脑子打算，无一处良策；急于求成，凡事浅尝辄止，满足于一知半解等。

浮躁会使人们失去思想上的冷静，失去心理上的平衡，更会使人不再用脑子去思想，而是用眼睛和耳朵去思想，看到什么、听到什么就是什么，会随着外界的变化而变化。这样的人，又怎会有一个健康的心理？

正因为如此，浮躁容易使人不能脚踏实地、耐住性子地想问题，容易失去对自我的准确定位，使人随波逐流、盲目行动或急功近利、好大喜功、丧失理性，其结果往往是事与愿违，害人害己。

已经大学毕业3个月了，杜毅走遍了市区的各个招聘会，总是找不到合适的工作，心里不免着急起来。尤其是看到以前那些不如自己的同学都顺利上班了，他心里的那份煎熬别提有多难受了。

为了摆脱这个尴尬的局面，杜毅不得已先找了一个简单的工作：在一家物流公司担任采购。可是，他总认为自己一个堂堂的本科生做这份工作很屈才，于是在工作中总是抱怨这、抱怨那，事情自然做不好，很快便被单位辞退了。

没了工作，杜毅的心情更加急躁了。当时，有一个朋友介绍他进了一家公司工作，可是他却认为这家公司太小，根本配不上自己。就这样，浑浑噩噩了一年，杜毅依旧没有找到一份合适的工作。

看着同学们的工作做得顺风顺水，而且好几个同学已经买了车，这让杜毅的心里更加不平衡：按说这些人当年比我差多了，怎么现在都混得比我强！他越想越气，准备要好好地大干一场，期望自己能"一夜暴富"、"一举成名"，让大家看看。

杜毅是如何"大干"的呢？一个晚上，他偷偷溜进某个重工业工厂，盗取了一些钢材，从中赚取了3000元。有了第一次的甜头，杜毅开始频繁作案，直到半个月后被埋伏许久的警察逮了个正着。

因为盗窃公私财物罪，杜毅被法院宣判3年有期徒刑。杜毅是出了名了，但是他却失去了自由，更失去了家人、朋友的信任。在牢狱之中，杜毅流下了痛苦的泪水，后悔不迭："都怨我太浮躁了！"

事例中的杜毅看到别人"发达"、"潇洒"就坐不住了，渴望"一夜暴富"、"一举成名"，不能脚踏实地、耐住性子地想问题，情绪烦躁、手忙脚乱，结果做出了坏事，坠入痛苦的万丈深渊，痛不欲生。

成功往往不会一蹴而就，而是需要一连串地奋斗，还需要坚持不懈地投入热情。浮躁的人，急于求成、眼高手低。工作浮躁，势必成为平庸的员工；做学问浮躁，势必一事无成；做人浮躁，势必为人浅薄。

因此，我们必须克服浮躁的心态，使自己的心态保持在明澈淡然的境界，真正沉下心来，伏下身子，扎扎实实地干好手头的每一项事情，从而时刻保持对工作、对生活的绝对掌控，真正享受人生。

年轻的洛克菲勒在一家石油公司找到了工作，他学历不高，也不会什么技术，他的工作很简单，甚至连小孩儿都能胜任——在生产车间，装满石油的桶罐通过传送带输送至旋转台上，焊接剂从上方自动滴下，沿着盖子滴转一圈,作业就算结束,油罐下线入库。

洛克菲勒的工作就是注视这道工序,查看生产线上的石油罐盖是否自动焊接封好。从清晨到黄昏,他过目几百罐石油,每天如此。很多人都劝说洛克菲勒应该换一份工作,毕竟这份工作太枯燥无聊了。

不过,洛克菲勒并不那么想,他每天都认认真真、全心全意地工作,干得不亦乐乎。时间长了,他还发现罐子旋转一周,焊接剂共滴落39滴,焊接工作即告结束。洛克菲勒开始了思考:是否有什么可以改进的地方?如果能把焊接剂减少一两滴,是不是会节省生产成本呢?

说干便干,一番试验之后,洛克菲勒研制出了一款37滴型焊接机,但是该机焊出来的石油罐偶尔会漏油,质量缺乏保障,公司没有肯定洛克菲勒的成绩。但洛克菲勒没有灰心,经过再一次的分析研究之后,他又研制出了一款38滴型焊接机,这次公司非常满意。

不久,公司大量生产出这种38滴型焊接机,虽然只是减少了一滴焊接剂,但每年却为公司节省了5亿美元的开支。渐渐地,洛克菲勒成为了这家公司的高管,并成为了美国第一代亿万富翁。

尽管洛克菲勒的工作相当枯燥无聊,又极其简单,但他没有灰心失望、急于求成,能应付就应付,能推诿就推诿,而是用心做好手头工作。正是因为这种脚踏实地的工作态度,他做出了不俗的成绩,得到了公司的重用。

"非淡泊无以明志,无宁静无以致远"。无论是对于事业还是生活中,想要获得成功,我们就必须远离浮躁,让人性回到本真状态,获得一种充实、丰富、自由和纯净的状态,做一回心淡恬静的"素心人"。告别浮躁,从容不迫地迎接每一轮太阳的升起。

让生活变得简单一点儿

面对纷繁复杂的世界和物欲横流的社会，我们追求的东西越来越多，活得越来越压抑，越来越找寻不到自己心灵的空间。与其这样苦苦折磨自己，不如化繁就简，让生活变得简单一点儿，活得简单才能获得心灵的自由。

不知道从什么时候开始，我们追求的目标越来越多，奔跑的速度越来越快，累得我们疲惫不堪，几乎要迷失方向。有时候还会禁不住地问自己：是自己缺少真正的热情与精力去承受生活，还是生活本身就是如此沉重？

事实上，世界原本简单，从最初的红黄绿3种原色出发，形成一个五彩缤纷的世界；人的形成也是从简单开始，即从一个受精卵开始，经过10个月的孕育出生成人。天地间的万事万物都是从简单启程。

只不过，我们的周围到处都充斥着地位、功名、利益的角逐，处处都充斥着许多新奇和时髦的事物……被这样复杂的生活所牵扯，我们能不疲惫吗？人们常说活得累，单纯的工作累或者生活累其实只是一个说辞，心累才是实质。

一个年轻人觉得生活很沉重，便问智者：我的生活为何如此沉重？

智者听罢，随即给他一个篓子，让他背在肩上并指着前面一条沙砾路说："你每走一步就捡一块石头将之放进去，最后体会到会有什么感觉。"

年轻人背上篓子，一路不停地拾拣，走到路的尽头，他就回过头来对智者说："越来越沉重了！"

智者说："这也就是你为什么感觉生活越来越沉重的原因。每个人来到这个世界上时，都会背着一个空篓子，然而我们每走一步都要从这世界上捡一样东西放进去,所以才有了越来越累的感觉。"

在竞争日益激烈的现代社会,很多人都终日被生活中的"日程表"所束缚,上面记满了我们每天都必须要做的事情,它占据了我们生活的中心,以致我们活得越来越压抑,越来越找寻不到自己心灵的空间。

与其这样苦苦折磨自己,不如将这些"日程表"化繁就简,让生活变得简单一点。著名作家刘心武说:"在色彩斑斓的现代生活中,我们一定要记住一个真理,那就是活得简单才能获得心灵的自由。"

作为一个作家、一个投资人和一个地产投资顾问,爱琳·詹姆丝在这个领域努力奋斗了十几年,密密麻麻的事宜日程塞满了她生活的每一分钟,令她的生活忙碌而紧张,情绪整天紧绷着。

一天,爱琳·詹姆丝意识到自己再也忍受不了这张令人发疯的日程表了,自己的生活确实太过复杂了,用这么多乱七八糟的事情来将自己清醒的每一分钟都塞得满满的,简直就是对自己的一种折磨。也就是在这个时候,她终于作出了一个决定:要开始摒弃那些无谓的忙碌,让生活变得简单一点儿,只有这样才能活出自我来。

于是,爱琳·詹姆丝着手开始列出一个清单,她把需要从她的工作中删除的事情都排列出来,然后采取了一系列"大胆的"行动:她把堆积在桌子上的所有没用的杂志和信件全部清除掉,取消了一大部分不是必要的电话预约,她打电话给一些朋友取消了每周两次为了拓展人际关系的聚会。

就这样,通过改变自己的日常生活与工作习惯,爱琳·詹姆丝忽然感觉到自己不再那么忙碌了,还有了更多的时间陪家人,有了更多的思考时间,因为睡眠时间充足,心态变轻松了,她的工作效率得到了很大的提高,身心状况也变得好了很多。

在自己的作品中,爱琳·詹姆丝感叹道:"我们的生活已经太过复杂了。在我们今天这个历史进程中,从来没有像今天这个时代让人类拥有如此多的东西,这些年来我们也一直被诱导着,使得我们误认为我们需要拥有这一切的东西,但是事实上,这些东西却让我们沉溺其中并且心烦意乱,与其这样忍受折磨，不如舍弃。"

这个故事告诉我们，面对纷繁复杂的世界和物欲横流的社会，我们要舍掉一些无谓的忙碌，学着简单一点儿。简单点儿，再简单点儿，内心便平和了，每天都会有快乐和愉悦的心情，会使你乏味的、平淡的生活得到点缀，也会让你享受到更多生活中美妙的色彩。

"简单点儿，再简单点儿。奢侈与舒适的生活，实际上妨碍了人类的进步。"这是梭罗的一句感人至深的名言。确实，生活原本是简单的，当一个人在生活上的需要简化到最低限度时，生活反而会更加充实、心神更加安详，因此，也就能够全身心投入到生活中，体验生命的激情和至高境界。

不用挖空心思去依附权势，不必去贪图金钱，用不着留意别人看你的眼神，没有锁链的心灵，快乐而自由，随心所欲，该哭就哭，想笑就笑，不去计较那些不必要的复杂，简简单单地活着，何尝不是一种从容淡定的惬意呢？

那些对人类艺术领域作出过卓越贡献的人，如毕加索、凡高、莫扎特等，这些人都是生活在极为简单的生活之中的，所以他们能够全神贯注于自己的领域，从而挖掘到灵魂深处的创作源泉，为此，他们也获得了极为丰富精彩的人生。

既然简单的生活如此精彩，如此能体现生命的价值，那么，简单应该成为我们的一个行为准则和追求境界，我们应该以三下五除二的方式，把那些束缚我们心灵和思维的世俗网给撕碎，不被这样复杂的生活所牵扯。

首先，你要做的事情就是知道什么是自己真正想要的。你可以在手边备一张便条纸、一支笔，将日常的活动列出一个清单来，反思一下自己：每天有多少事情是没有必要非要去做的？哪些事情会使自己的生活落入浪费时间、浪费精力的陷阱中？及时减少那些程式化的活动，减少让自己心灵受累的事情。

其次，要想过一种简单的生活，就要做到安于淡泊并远离各种名利和物欲的困扰，不要让心灵背负太多的欲望包袱，不要终日惶惶不安地迷失在自己制造的种种需求中，在物欲的罗网里苦苦挣扎。欲望和追求少了，内心自然也就简单了。

总之，只要你肯听从于自己的内心，就能不被生活中的繁琐之事所缠绕，挣脱心灵的桎梏，还心灵于安宁与单纯，也就能够体验到生活中真正的幸福、快乐和轻松，毋庸置疑，这样的生活是最为精彩、最为舒适的。

第二章

从容淡定是一种气节，一种修养

大凡从容之人，都会找到自己准确的人生定位。在人生的座标上，会合理地规划出自己的人生轨迹。即使其身份卑微、社会地位低下，也不会妄自菲薄，不自轻自贱，能始终保持一份独立的人格，踏踏实实地做事、堂堂正正地为人、快快乐乐地生活。

做真实的自己，不效仿他人

> 你就是你，你不是其他任何人。你不可能成为别人，更没有必要成为别人，也不可能被任何人所代替，保持本色才是最大的成就。坚持做真实的自己，不效仿他人，你才能获得真正的从容和淡定。

德国哲学家莱布尼茨曾经说过："世界上没有两片完全相同的树叶。"树叶都有自己的个性，不同的颜色、不同的形态、不同的花纹，但它们都可以自然地张扬自己的独特魅力，为世界增添点滴色彩。

其实不只是树叶，人也是如此。每一个生命都以独特的姿态存在着，展示着自己独特的个性，具有自己独一无二的意义。正如阿伦·舒恩费教授所说："对于这个世界来说，你是全新的，以前从没有过，从天地诞生那一刻一直到现在，都没有一个人跟你完全一样，以后也不会有，永远不可能再出现一个跟你完完全全一样的人。"

那些从容淡定的人都明白这样的道理，他们知道自己不可能成为任何人，也不可能被任何人所代替，保持本色才是最大的成就，因此他们会坦然地以自己的本来面目示人，坚持做真实的自己，不效仿他人。

然而，我们周围的很多人却不懂得这个道理，他们亦步亦趋地效仿他人，希望自己长得像别人、吃得像别人、穿得像别人、住得像别人，甚至连言谈举止、说话腔调都要模仿别人，结果呢？不但不能增加美丽，反而失去了原本的自然，从而失去了自己本来很吸引人的独特魅力。

美国思想家拉尔夫·沃尔多·爱默生曾经说过："羡慕就是无知，模仿就是自杀。"即使你是一个天赋非凡的人，如果你忽视或故意掩饰自己的独特个性,盲目去效仿他人,最终也只能沦为追随他人的牺牲品。

达琳身材高挑,脸上带着可爱的婴儿肥,给人的感觉既美丽又亲切。因为出色的容貌和身材,她被一个好莱坞的资深经纪人相中,经纪人推荐她去参加一个大型的选美比赛。优厚的奖金使达琳动了心,她便跟着经纪人来到了好莱坞。

这场比赛十分精彩,选手们来自美国各地,她们各有各的风采,但都非常漂亮。在激烈的竞争下,达琳通过了一轮又一轮的淘汰赛,和其他4名选手一起杀入决赛,竞争冠军的名次。为了让这些决赛选手能够休息一下,调整自己的状态,大赛组织者给了选手们半个月的准备时间。

接下来,达琳开始积极地准备决赛,她分析了几个决赛选手,并将一个叫艾琳的选手当做了她的潜在对手。艾琳具有天生的贵族气质,脸上没有一丝赘肉,五官清晰而精致,显得冷艳而神秘,她每次都能获得评委们的好评。面对这样优秀的对手,达琳有点儿自卑了,她那张肉乎乎的脸绝对没有一丝高贵和神秘可言,她决定要改变自己,在决赛之前让自己瘦下来,能够和艾琳一样。

达琳开始疯狂地减肥,每天只吃一点儿低热量的蔬菜和水果,完全没有主食,在短短的几天内瘦了10斤。到决赛那一天,当带她参赛的经纪人看到她的样子时立刻惊叫起来:"你怎么变成这个样子了?"原来,经过短期减肥,达琳严重营养不足,脸上的双颊也瘦得凹陷下去,神色显得非常疲倦,肌肉和皮肤也显得很松弛。

"本来你很有可能赢得冠军,但现在的样子看来几乎是没有希望了。那些佳丽们大都身材瘦削,颇具骨感美,婴儿肥正是你与众不同的风格,使你能够凸显出来。遗憾的是你没有看到自己的这一优点,反而去效仿他人,所以,你注定失败。"经纪人用无法掩饰的懊悔口吻说。结果不出这位经纪人所料,达琳没能获得冠军。

我们的生活中其实有很多达琳,这些人其实本来很有自己的特色,却因为效仿别人而失去了自己的美丽。一个人的价值被否定了,内心一直处于迷惘之中,这也是很多现代人疲惫和失败的根源。难怪教育学家安古罗·

派屈曾说过："世上最痛苦的事，莫过于想做其他人，或者除自己以外其他的东西了。"

鲜花诚然美丽，掌声固然醉人，但它们只能肯定某些人的成就，却无法否定大多数人的价值。只要你充分认识到自己独一无二的优势，活出一个真实的自我，并且不断地发展完善自我，你就能创造一个辉煌灿烂的人生。

有一个女孩子历尽波折才明白了这个道理。

有位电车售票员的女儿名叫卡丝·黛莉，她一直渴望成为光彩照人的明星，可惜在外人看来，她并不具备成为明星的条件，她长了一张不美的大嘴，还有一口暴牙，这与那些传统审美观中的美女是大相径庭的。

当卡丝·黛莉第一次公开演唱时，她千方百计地想用她的上唇遮掩她的牙齿，期望观众不会注意她的暴牙而去专心听她的歌唱，结果适得其反，台下的观众看她滑稽的样子，不禁大笑起来，卡丝·黛莉红着脸走下了台。

现场的一位观众觉得卡丝·黛莉很有歌唱才华，他很率直地告诉她说："刚才我一直在专心观赏你的歌唱表演，我看得出来你想掩饰的是什么，你害怕别人注意到你的暴牙，对不对？"卡丝·黛莉听后，一脸尴尬。接着，他又说："其实这又有什么呢？暴牙并没有过错，为什么要掩饰呢？张开你的嘴，要是你不这么在乎的话，观众可能就会喜欢你的，也许那些你想掩盖的东西反而可以给你带来好运呢。"

听了这位观众的忠告，卡丝·黛莉打算此后不再掩饰自己的暴牙。每当她在唱歌的时候，就尽情地把嘴巴张开，把所有的精力都置于歌声中。最后，她成为一位在电影及广播界享有盛名的双栖红星，许多演员到现在还刻意模仿她呢。

卡丝·黛莉的成功是暴牙带来的好运吗？谁都知道这是玩笑话。但我们必须承认，她坚持做自己，尽情地投入到演唱中时，暴牙成了她独一无二的象征，形成了她独特的风格，这一点是无人能够替代的。

如果你现在有模仿别人的想法，那么不妨想想卡耐基告诫我们的幸福道理："发现你自己，你就是你。记住，地球上没有和你一样的人……在这个世界上，你是一种独特的存在。你只能以自己的方式歌唱，只能以自己的方式绘画。你是你的经验、你的环境、你的遗传所造就的你。"

　　总而言之，你就是你，你不是其他任何人。你不可能成为别人，更没有必要成为别人。如果你想活得从容而淡定，就不要浪费哪怕一秒钟为自己不是别人而苦恼，必须保持自我本色和自我风格，将其充分展示和发扬，活出自我风采。

　　当然，做真实的自己并不是让你自以为是、故步自封。自己有某些方面的缺陷和不足，借鉴一些成功者的想法和做法是十分必要的，但一定要根据自己的特殊性去借鉴和模仿，并且融入一些真正属于自己的东西。

经常对自己说：我已经够了

　　经常对自己说：我已经够好了。这实际上就是对自己的尊重与认可，也是成就自己、体现自身价值的前提条件。如此，相信你定能合理地规划出自己的人生轨迹，坦然地面对生活中的纷繁与琐碎，打造属于自己的真正人生。

　　"真郁闷，我的个子为什么没有姚明高？""我的鼻子不够挺拔，眼睛也小了一点，是不是应该去做做整容手术"、"我只是一个本科生，在研究生众多的现代社会，我那么平凡，能找到一份好工作吗？"……

　　相信不少人有过这样的想法，总觉得自己不够好，其实这是一种缺乏自信、不懂得欣赏自己的表现。这些人几乎都有相同的生活模式：自惭形秽、悲观失望、总是躲在同一群朋友中间、和人谈话会突然脸红，等等。

　　试想，一个对自己没有信心、总认为自己不好、连自己都看不起乃至自卑自怜、自暴自弃的人，怎么能够从容地与人交往，出色地发挥自己的才华和个性?恐怕再美丽的衣裳穿在身上,也不能体现出一个人的精气神,又何谈气节和修养呢?

欧蕾太太从小就是个怕羞的人,因为她认为自己哪里都不够好,臃肿的身躯,加之一张圆圆的脸,让她看上去显得笨极了。因为自卑,欧蕾太太很少与同龄人一起相处,也很少参加聚会,她常常觉得自己不受人欢迎。

后来,欧蕾太太嫁给了一个比自己年长几岁的男人,婆家是个平稳而自信的家庭,他们的一切优点在她身上似乎都无法找到。欧蕾太太总想尽可能地做得像他们一样好,但她就是做不到,不是表现得太活跃,就是感到无比沮丧。她认定自己是个失败者,因此变得喜怒无常,甚至想到了自杀……

但是,欧蕾太太没有自杀,她反倒真的像变了一个人。这一切,都源于她与婆婆一次偶然间的谈话。婆婆谈到自己受人欢迎的经历时,对欧蕾太太说道:"你虽然不够活泼,但你温柔体贴、善解人意,你已经够好了,你有什么不开心的呢?"

这句话就像一道阳光,照亮了欧蕾太太的心。她终于知道,自己不快乐是因为一直以来自己不懂得欣赏自己。于是,她开始观察自己的特征,寻找自己的美丽,结果她发现自己很细心、很有耐心。

过了一段时间,欧蕾太太的身上终于发生了变化,她感到快乐多了,越来越多的人开始喜欢她,这是她以前做梦也想不到的。此后,她还把这个经验告诉了自己的孩子们:时常对自己说:你已经够好了。

实际上,每个人都有自己的优势和不足,但是这并不妨碍我们每个人有自己独特的人生轨迹,也并不影响我们在自己的人生坐标上发掘最适合的那个点。正如美国总统罗斯福的夫人艾莉诺·罗斯福所说:"没有你的同意,谁都无法使你自卑。"

回想一下,你没有高大的身材,但渊博的学问也能让你看起来更高大;你没有美丽的容颜,可是有动人的声音,声音同样可以让你受到瞩目;你不擅长演讲,但你很善于倾听,后者同样是一种让人喜欢的好品质……

时常对自己说:我已经够好了!这实际上就是对自己的尊重与认可,这也是成就自己、体现自身价值的前提条件。如此，相信你定能合理地规划出自己的人生轨迹，坦然地面对生活中的纷繁与琐碎，打造属于自己的真正人生。

李丹是个貌不惊人、身材也不好的女孩，但是仅仅毕业3年，她就从最初的普通员工晋升为部门总监，在事业上取得了斐然的成就。关于自己的成功秘诀，李丹总结道："因为我知道我已经够好了。"

到现在，李丹还清楚地记得自己刚刚毕业时在北京的CBD各大写字楼之间谋求一份工作的情景。当时她虽然毕业于一所重点高校，但是因为体型很胖，长相也很普通，又缺乏工作经验，屡次被"推"到门槛之外。

刚开始的时候，李丹有些泄气，斗志也被打消了不少。但是，经过一番思考后，她对自己说："你在校成绩优秀、认真踏实，又能吃苦耐劳，你已经够好了，你一定可以寻找到一份理想的工作。"

紧接着，李丹的斗志又重新被唤醒了，她将目标转移到了北京海滨区的中关村。在那里，她终于找到了自己理想的职位——一家上市IT公司的行政文员。事实证明，她的确已经够好了。

李丹貌不惊人，身材也不好，也没有工作经验，但是她懂得时常对自己说：你已经够好了，对自己充满了自信，正是这种自信让她对生活怀有一种热忱和积极的心态，能跨越人生旅途上的坎坷荆棘。

欣赏自己是一种气节、欣赏自己是一种修养，是发展自我、实现自我的强大驱动力。世界著名的艺术家毕加索说："你就是太阳。"这绝非狂想，更不是疯人之语，而是一个独立思考者对自身的欣赏和讴歌。

的确，我们每个人心里其实都有一个大大的太阳，只要我们善于发掘，终会将躲避着的它从深深的角落里寻找出来。换句话说，其实每个人都是最优秀的，关键是如何认识自己、是否能够做到相信自己。

懂得时常对自己说：我已经够好了。学会欣赏自己，就会始终保持一份独立的人格，在自己的人生坐标上发掘最适合的那个点儿，然后才能从容淡定地扬起追求的风帆，驾驭希望之舟驶向理想的彼岸。

不要让别人的目光"扼杀"了自己

每个人都可以自由地支配自己的内心,无须别人替自己做主。不必太在乎别人的眼光,坚持按本色做人做事,笃定地、踏实地走好每一步,才能演绎出独特的自己,才是泰然自若中的华彩。

有这样一个故事。

一个农夫与儿子共同赶着一头驴到附近的市场去做买卖。

没走多远,父子俩就看见几个路人对他们指指点点,其中一个人大声喊道:"你们见过像他们这样的傻瓜吗?有驴子不骑,宁愿自己走路。"听到这话,农夫心中很是在意,立刻让儿子骑上了驴,自己则在后面跟着走。

走了一会儿,他们又遇见一群老人,只听他们哀叹道:"你们看见了吗?现在的老人可真是可怜。看那个孩子只顾骑着驴,却让年老的父亲在地上走路。"农夫听到这话,连忙让儿子下来,自己又骑上去。

走了一半的路程时,父子俩又遇上一群孩子,几位孩子七嘴八舌地乱喊乱叫着:"嘿,你们瞧那个狠心的爹,他怎么能自己骑着驴,让自己的孩子跟着在后面走呢?"农夫听罢,又立刻叫儿子上来,与他一同骑在驴背上。

快到市场时,他们又听到有人说:"哟,这驴多惨啊,竟然驮着两个人,真怀疑这是不是他们自己的驴。"另一个人插嘴说:"哦,谁能想到他们这么骑驴啊,瞧驴都累得气喘吁吁了,这样的驴哪有人肯买啊。"

听罢这话,农夫对儿子说:"怎么骑驴都是错,依我看,不如咱们两个人驮着驴子走。"于是,他和儿子急忙从驴上跳下来,用绳子捆上驴的腿,找了一根棍子将这头驴抬起来,卖力地向前赶路。

当父子俩使出了浑身的劲儿将这头驴抬过闹市入口的小桥时,又引起了桥头上一群人的哄笑。当时驴子受了惊吓，挣脱了捆绑，撒腿就跑，不想却失足落入河中，淹死了。农夫最终空手而归，他既懊恼又羞愧。

这样的故事似乎十分可笑，然而，这种任由别人支配自己行为的事情并非只在故事里出现。在生活中，我们常常会不自觉地在乎别人的眼光，为了得到别人的满意，我们可谓费尽心机并小心翼翼地行事，唯恐别人指责。

美国著名心理学家马斯洛认为，每个人都有归属和自尊的需要，都希望自己能得到别人的认可，希望别人能给自己肯定和积极的评价。如此看来，在乎别人看自己的眼光、别人对自我的评价也是件很正常的事。

但我们应该认识到，一味地迎合不同人的眼光、费尽心思迎合每一个人，最终只会导致自己生活在别人的思想里，一层一层地被缠绕，越来越复杂，难以做真正的自己，将自己搞得身心疲惫，也就是说把自己"扼杀"了。

将自己的生活置放在了别人的标准和目光中，相对于短暂的人生而言，是怎样的一种悲哀和痛苦？这如同我们疯狂地转动舞步，尽管以一个个优美的姿势赢得了别人的喝彩声，但是这一路的风光和掌声，带来的只是说不出的空虚和迷茫。更何况，每个人的利益是不一致的，每个人的立场、每个人的主观感受也是不同的，想做到面面俱到是绝对不可能的。即使我们千般小心，万般在意，也照样还会有人不满意，照样无法赢得所有人接受自己的眼光。

所以，无论在哪种场合，我们都不必活在别人的目光中，处处担心别人怎么想自己、看待自己，而应该经常对自己说："哦，没有人注意我，真好！"当你具备了这种淡然从容的心态，你就会活出真正的自我。

内心淡然而定，任凭雨打风吹，我自从容向前。这种自我肯定是相当重要的。除了自己，没有人可以决定我们的路怎么走，你是坚持自己的方式，还是被扼杀在别人的目光下？

经典励志书《秘密》的作者在揭示生命中的磁石时说："对于你来说，没有什么限制，除非是你自己强加给自己。你就像鸟儿一样，你的思想可以从任何障碍物上飞过，除非你将限制加之于上而束缚它们，或囚禁它们，或剪断它们的翅膀。"

　　这段话的意思是说，每个人都可以自由地支配自己的内心，无须别人替自己做主。坚持按本色做人做事，笃定地、踏实地走好每一步，才不至于在迷失自我的泥沼中团团旋转，疲惫不堪，才能爽朗地收获属于自己的幸福。

　　有一句话说："20 岁时，我们顾虑别人对我们的想法；40 岁时，我们不理会别人对我们的想法；60 岁时，我们发现别人根本就没有想到我们。"这并非消极，因为大多数人都有自己的事情要做，并没有多少时间把注意力集中在他人身上。

　　比如，你在路上不小心摔了一跤，惹得路人哈哈大笑，你当时一定很尴尬，认为全天下的人都在看着你。但是你如果站在别人的角度考虑一下，就会发现，其实，这件事只是他们生活中的一个小插曲，甚至有时连插曲都算不上，他们顶多哈哈一笑，然后就把这件事忘记了。

　　人生如是，别人的目光纵有千千万，也比不上对自我心灵的诚实。不必太在乎别人的眼光，自己决定自己的生活和认识，如此才能活得更加接近真实的自己，才能演绎出独特的自己，才是泰然自若中的华彩。

走一条属于自己的路，
你的人生才是原汁原味的

　　人生的道路千万条，但每个人来到这个世界上都是唯一的，只有走出一条属于自己的道路，你才能够活得从容、活得淡定，你的人生才是原汁原味的。当要离开这个世界时，你才有资格说：我此生无悔无憾。

　　尽管"条条大路通罗马"，人生的道路千万条，出色的人生千差万别，但毕竟都是属于他人的，代表了他人的一种个性的人生。在交织如网的人生道路上，能否选择一条真正属于自己的路，关系着一个人一生的命运。

在我们的生活中，有太多的人心安理得地享受着生活带给他们的秩序和固有的方式，被一种常规的思维习惯束缚了自己的心智，习惯走别人走的路，别人怎么过他们就怎么过，日复一日、年复一年。

殊不知，一个人如果形成了习惯的思维定势，习惯走已被开发的甚至被别人踏过千遍万遍的路，墨守成规、循规蹈矩，就会很容易迷失自己的脚印，成为一事无成、碌碌无为的人，这样的人生就没有原汁原味可言。

每个人来到这个世界上都是唯一的、有特色的，只有走出一条属于自己的道路，走一条全新的道路，一条自己开拓的路，你才能够活得从容、活得淡定，当要离开这个世界时，你才有资格说：我此生无悔无憾。

进一步说，所谓的规矩、金科玉律是真理吗？不可改变的吗？显然不是。人类发展到现在阶段，在几千年的历史中，太多谎言被揭穿，太多谬论被指正，所以，坚持走一条属于自己的路是必要，也是必需。

规矩、金科玉律只是一种标准、法则和习惯，遵循标准和常理的人总是规矩最忠实的践行者，但注定了他们一辈子要踏着别人的脚印走路，毫无创意可言。另辟一条蹊径，走别人没走过的路，我们的人生才会与众不同。

然而，选择走自己的人生道路并不是一件容易的事，而是一个艰难的奋斗过程。在这个过程中，我们不仅需要忍受不被人理解的困扰和庸碌者无知的嘲笑，更需要有足够的智慧、魄力和勇气，以孜孜不倦的热情向前进。

瓦尔特·惠特曼是美国历史上最伟大的诗人之一，他自小爱好文学，从1842 年开始，他先后担任《纽约曙光》、《布鲁克林每日鹰报》、《自由民》等出版物的编辑、主编，因与当权者政见不合而不断被解职。

于是，惠特曼渗入各个领域、各个阶层、各种生活方式，倾听了来自大地的、人民的、民族的不同心声，1854 年，他创作的诗集《草叶集》问世。《草叶集》的命运十分坎坷，初版只印了 1000 册，结果一本都没有卖掉，全送人了。这是因为，《草叶集》冲破了传统格律的束缚，运用崭新的形式表达了民主思想和对种族、民族以及社会压迫的强烈抗议，惠特曼那种新颖的思想内容、创新的写法、不押韵的格式,并没有那么轻易地被人民大众所接受。

尽管如此,惠特曼又于第二年加印了《草叶集》第二版,在第二版中他加进了 20 首新诗,这一版依然没有受到大众的喜爱。1860 年,当惠特曼决定印行第三版《草叶集》并打算补进一些新作时,当时著名的作家爱默生竭力劝说他取消其中几首刻画"性"的诗歌,否则第三版依然不会畅销。

然而,执著的惠特曼并没有因为爱默生的竭力劝说而让步,他对爱默生表示:"在我的灵魂深处,我的意念是不会服从任何束缚的,而是走自己的路。《草叶集》是不会被删改的,删改后还会是这么好的书吗?任由它自己繁荣或枯萎吧!"

结果,第三版《草叶集》的出版获得了巨大的成功。不久,它便跨越了国界,传到了英格兰,传到了世界的各个角落,对美国和欧洲诗歌的发展产生了巨大的影响,惠特曼也成为享誉全球的诗人。

任何一个人在成功的路上,都会被这样或那样质疑的声音围绕着,别人的质疑并不重要,重要的是你只要认准了自己的目标就要坚持走自己的路。走一条属于自己的路,人生才是原创的,才是真实的,才是从容淡定的一生。

总之,走一条属于自己的路,才能走出自己的风格,你才能冲破世俗常规,走出不平凡。试着走一条属于自己的路吧,这不是谁都能够做到的,如果你做到了,你就已经获得了从容淡定的资本。

敢于说"不"，更要善于说"不"

当我们面对不合理或者违背自己内心意愿的要求时，不管这个要求有多小都不要答应，要学会坚决地说"不"，这样才能屏蔽掉许多不必要的烦恼，彰显我们的气节和修养，进而从容淡定地过好自己的生活。

无论是在生活中、工作中，还是在人际交往中，每个人都会碰到一些别人不合理的要求，如果没有原则，有求必应，一直按照别人的意愿生活，那么很容易就会被打磨得没有个性，人生也会变得很累，难以淡定、难以从容。

然而，有些人往往因为天性中的善良，当面对别人的请求或者命令时，他们为了维护彼此的和谐关系，或者为了息事宁人，即使自己不情愿去做，也不好意思说"不"，一味地迁就和宽容，其中女性朋友占大多数。

比如，有些人在陪同事逛街时已经非常累了，但当同事提出再去某个地方顺便买点儿东西时，他还是会陪同前往；辛苦工作了一天后，他即使感觉非常疲惫，可对爱人希望被按摩时，他还是欣然答应。

我们把这种人称为"老好人"，这样的人往往在同事们中间是好伙伴，在生活上也是善解人意的好伴侣。但是，把精力和时间大多用在了别人的生活中，代价是牺牲自我，很难保持一份独立的人格，更难以规划出自己的人生轨迹。

临到周末了，同事们都在筹划着周末两天去哪里玩或者去哪家餐厅吃饭时，薇安却为自己安排了满满的"任务"，而且都是别人的事情：第一项，去图书大厦替经理买一本管理类图书；第二项，周六下午陪好朋友挑选婚纱；第三项，周日上午要陪婆婆去和房客签约；第四项……

"唉。"成天为别人的事忙碌，很累、很烦也很不情愿，薇安不禁发出一声叹息。

办公室一个同薇安关系不错的同事对薇安说:"谁让你逞强的,总是应下一大堆事儿?"

薇安回答道:"我也没办法呀,别人都开口了,我怎么好意思拒绝人家?"

同事太了解薇安了,她正是那种有求必应的热心人,只要别人开了口,她总碍于面子,怕惹别人不高兴,心里再不情愿也要硬撑着答应下来,"不"字从她嘴里蹦出来似乎比登天还难。到头来,往往搞得自己心力交瘁、疲惫不堪……

在工作中,薇安也常常如此,最不会做的事情就是拒绝别人。同事们知道薇安很"热心",便毫不客气地请她做这做那,"薇安,帮我把文件发了"、"薇安,帮我订一下午饭"……每次薇安有求必应,从来不去考虑自己的承受能力,结果分内的工作都给耽误了,屡次遭到经理的批评。

毫不客气地说,薇安之所以有今天的痛苦,就是因为她虽然对他人要她办的事情很反感,但是从来没有明确地表示说过"不",也没有采取变通的办法,就这么任由事情发展,直到自己深陷其中,承受不了,这完全是她咎由自取。

值得一提的是,心理学上有一个登门槛效应,又称得寸进尺效应。有时候你不懂得拒绝,一旦接受了他人的一个微不足道的要求,他人就认为你是愿意的,摸透了你的心理后,就有可能支使你继续干下去或者提出更大的要求,这种现象犹如登门槛时要一级台阶一级台阶地登上去。

试想,你做着自己不愿意做的事,你允许他人不断地利用你,而且是较高、较难的要求,心中的负担和痛苦日积月累,你又如何做到从容淡定呢?倘若有一天,你终于失去了耐心,把积累的怨气一并爆发,就会破坏你一直努力维持的和谐关系,而且毋庸置疑的是,这还显得你没有气节、没有修养。

既然如此,为了你的身心健康,为了经营好人际关系,为了捍卫自己的尊严,面对不合理或者违背自己内心意愿的要求时,不管这个要求有多小都不要答应,要学会坚决地说"不",唯有如此你才能掌握生活中的主动权,生活得更加轻松自如。

伏尔泰曾经这样说过:"当别人坦率的时候,你也应该坦率,你不必为别人的晚餐付账，不必为别人的无病呻吟落泪，你应该坦率地告诉每一个使你陷入不情愿又不得已的难局中的人最真实的想法。"

大凡从容淡定之人，都敢于说"不"。即使其身份卑微、社会地位低下，也不妄自菲薄、不自轻自贱，能始终保持一份独立的人格，把自己的想法清晰地表达出来，踏踏实实做事、堂堂正正为人。

有一天，天气很好，到苏联访问的萧伯纳在莫斯科红场上散步，广场上白鸽一飞一落。这时，他发现广场上有一位聪明活泼、逗人喜爱的小姑娘在看鸽子，便走过去和这个小女孩玩耍了起来。

临别的时候，萧伯纳对她说："回去告诉你妈妈，今天同你玩耍的是世界上有名的萧伯纳。"

"不，除非你答应我一个条件。"小姑娘看着萧伯纳，然后做了一个手势，表示要讲悄悄话。让萧伯纳意想不到的是，小姑娘竟学着自己的口吻说："你也回去告诉你妈妈，说今天同你玩耍的是苏联小姑娘莫妮卡。"

读完这个故事，相信很多人都会为故事中的小姑娘鼓掌叫好。为什么？因为她为了捍卫自己独立的人格，敢于拒绝世界上有名的作家萧伯纳的要求，估计她的这种气节和修养，会让萧伯纳一辈子都忘不了。

当然，拒绝不是简单地说"不"，还要讲究一定的技巧和方式，既能让自己摆脱麻烦，又能让对方容易接受。古希腊数学家毕达哥拉斯就曾说："'是'和'不'这两个最简单、最熟悉的字，是最需要慎重考虑的字。"

下面提供给你几种行之有效的方法，不妨一试。

1. 用肢体语言表达

拒绝这个词语给人的感觉往往是严厉的。开口拒绝别人不是一件容易的事情，这个时候，你不妨在尊重对方的基础上运用一些暗示拒绝的肢体语言，比如，摇头、突然中断笑容、目光游移不定、心不在焉……

2. 采取拖延的方式

直接的拒绝既然可能伤害对方，不如采取拖延时间的方式。当别人的要求会影响到自己的工作和生活时，你可以暂不给予答复，继续忙自己的事情,让对方自己感觉到你的为难、苦衷,对方要是聪明的话会自行放弃求助。

3.说明你的理由

你还可以用一个充分而恰当的理由说明自己帮不上忙,使他人能够理解你的拒绝是出于无奈之举,如此就合情合理了。例如,有人希望你帮他写工作报告,你不妨说:"真抱歉,我在这方面的造诣没有你好,而且我写作水平不好,这件事我可干不了。"这样一来,会让对方感到你很给他面子,他也就比较容易接受了。

运用了这些方法后,若对方还是坚持要你帮忙的话,那么你最好态度坚决、斩钉截铁地拒绝他,而不要给他留下任何机会。你一定要记住,那是他的事情,而不是你的,你的任务是做好自己的事情,过好自己的生活。

总之,我们应该学会拒绝,虽然这可能会让我们失去"老好人"的美誉,却能彰显我们的气节和修养,屏蔽掉许多不必要的烦恼,进而从容淡定地过好自己的人生,带给自己实实在在的快乐感和成就感。

别总盯着别处,要看到自己眼里的风景

有这样一句话:"玫瑰就是玫瑰,莲花就是莲花,只要去看,不要攀比。"的确,玫瑰有玫瑰的娇艳,莲花也有莲花的清淡,两者没有根本的可比之处,无须比较,用心欣赏就能享受到快乐和满足。

俗话说:"人比人,气死人。"很多时候,我们之所以不够从容淡定,并不是因为我们的处境不尽如人意,而是因为我们习惯将自己的幸福建立在与他人攀比的基础之上,眼睛总是盯着别处,总是羡慕别人的生活而看不到自己眼里的风景,进而心灵的空间挤满了太多的负累,忽略或不满意自己的生活,把忧愁和痛苦都给了自己。这样的现象在生活中很常见。

欣雨是一位都市白领,与丈夫结婚后用积累了几年的工资买了一套两居室的房子。房子是他们精挑细选后定下来的,两人住进去后感觉十分舒适而且方便,心中十分开心,每天上班脸上都会挂着幸福的微笑。

但是没过多久,欣雨的一位好朋友也买了一套房。装修好后,朋友打电话让欣雨到家里参观。朋友的房子地段好,而且面积很大,装修也很高档,欣雨感到原本的好心情已经被朋友"更好"的房子给冲击掉了。

再回到家,欣雨怎么看都觉得自己的房子不够好,再也没有舒适、方便的感觉了,后来她和丈夫吵着闹着也要在市区买房,而且还偏要和那位朋友住同一栋楼,夫妻俩整日都沉浸在口舌之磨、身心之疲中。

一天,两人又因此爆发了激烈的争吵。

"老公,小洪家刚买了新房,人家那大房子那叫气派。"

"咱家房子虽然不大,但也不小,而且很温馨,也挺好呀。"

"挺好?你就那么没出息!你让我和女儿和你住这样小的房子?我真后悔,当初怎么看上你这么个不求上进的东西!"

"我工作勤勤恳恳,对家庭尽心尽力,咱们一家人的生活平平淡淡,有吃有喝多好啊。你为什么非要让我跟别人比呢?你要是真的觉得别人比我好,那好,离婚吧,你去找一个你觉得好的人过好生活去吧!"

"好啊,你给不了我比别的女人更好的生活,居然想和我离婚,离就离!"

……

其实,每个人似乎都会不自觉地将眼光盯向别处,体味不到自己眼中的美丽风景,不少人更是在攀比的烦恼中不能醒悟过来:攀比物质、攀比金钱、攀比名利、攀比幸福……

但是,我们需要知道的是,每个人都有自己的生活,又何必和他人相比呢?比如,别人的房子好,自然投入的花销也多,付出的辛苦自然也不少。如果我们不想那么累,不想背负太重的经济负担,买一个合适的就好。更何况,攀比似乎会让人上瘾。只要尝过一次"更好"的滋味,就想寻求更多的"更好"。俗话说:山外青山楼外楼,比来比去何时休?为何要比来比去,眼睛总是盯着别处,不看自己眼里的风景,让自己不开心呢?

有这样一句话:"玫瑰就是玫瑰,莲花就是莲花,只要去看,不要攀比。"的确,玫瑰有玫瑰的娇艳,莲花也有莲花的清淡,两者没有根本的可比之处,无须比较,用心欣赏就能享受到快乐和满足。

事实上,一个从容淡定的人是不会与别人进行肤浅、无聊的攀比的,他们明白,生活是公平的,你得到了什么,都要以另一种方式付出代价。当羡慕别人的高收入和风光时,不妨想想他通宵达旦地加班、彻夜不眠地思考;当别人有权有势、人脉广博时,要知道他还要为周围复杂的人脉周全顾及,马不停蹄地奔波在各种无聊的应酬中……不是吗?

一对青年男女步入了婚姻的殿堂。两年后,他们整日忙碌于生活中日复一日的琐碎之事中,甜蜜的爱情高潮渐渐被磨得越来越淡,他们开始面对日益艰难的生计,妻子整天为缺少财富而忧郁不乐,不由自主地和朋友们进行攀比。

"小娜的男友体贴温柔,又很有钱、很有能力,他们吃好的、穿好的,还能买家电、买房子……我们的钱太少了,少得只够维持最基本的日常开支。你在这家公司工作了这么久了,什么时候才能年薪百万呢?"

丈夫是个很从容淡定的人,从不和人攀比,在生活中还不断寻找机会开导妻子。

一天,夫妻两人去医院看望一个朋友。朋友向他们诉苦,说自己的病是被累出来的,常常为了挣钱不吃饭、不睡觉。

回到家里,丈夫问妻子:"如果现在给你一笔钱,但同时让你跟他一样躺在医院里,你愿意吗?"

妻子不假思索地回答:"我才不愿意呢。"

过了几天,他们去郊外散步时,经过路边的一幢漂亮别墅。这时,从别墅里走出来一位白发苍苍的老婆婆。丈夫又问妻子:"假如现在就让你住上这样的别墅，但同时要变得跟她一样老，你愿意不愿意?"

妻子生气了:"你胡说什么呀?给我一座金山我也不干!"

丈夫笑了:"这就对了。我们拥有健康、拥有青春，这些财富已经远远超过了100万。你看，我们原来是这么富有，我们应该感到幸福才对;此外，我们还有靠劳动创造财富的双手和大脑，你还愁什么呢?"

妻子半晌没有说话，把丈夫的话细细地品味了一番，从此她再也没和谁攀比过，也变得快乐了起来。

自己的生活是自己的，自己的幸福也是自己的。就像上面故事里的那个妻子一样，和别人进行攀比，最后绕了一大圈终于明白了这样一个道理，原来自己是最好的。既然如此，我们还老把目光集中在别人身上，和别人攀比什么呢?还是少一点攀比之心吧。

如果你真的想比较，那么不妨与那些不如你的人相比。美国作家亨利·曼肯说过:"如果你想幸福，有一件事非常简单，就是与那些不如你的人、比你更穷、房子更小、车子更破的人相比，你的幸福感就会增加。"

萨迪家境贫寒，父母没有钱给他买鞋，他一直都为自己没有一双完整的鞋而感到沮丧和不幸。直到有一天，萨迪看到了一个拄着拐杖乞讨的人。顺着那人的拐杖往下看，发现他竟然没有了双脚。

这时候，萨迪才意识到自己是多么的富有、多么可悲:富有是因为他还有一双健全的脚，而可悲则是因为原来在那么长的时间里，他不懂得珍惜拥有的一切，从来没有品味过自己的生活。

不要与人盲目地攀比，不要羡慕别人的荣华富贵，应该尽自己最大的努力去过好自己的生活。不管顺境还是逆境，只要看自己眼里的风景，寻找到属于自己的位置，就一定会真正地感受到幸福快乐。

做一只空杯,随时从零开始

将心里的杯子倒空,别让那些成就、经验、利益、学识等看似重要的东西束缚了自己,随时从零开始,用一个崭新的姿态迎接新的挑战,才能不断发展及创造新的辉煌,在人生的道路上越走越远,打造从容淡定的人生。

心理学中有一种心态叫"空杯心态",其含义富有哲理,即一个装满水的杯子很难接纳新东西,如果想获得某方面的进步,需要先要把自己想象成"一个空着的杯子",而不是一个装满水的杯子。

说起空杯心态,有这样一个小故事。

很久以前,一个小有成就但心气颇高的年轻人去一个寺庙拜访一位德高望重的老禅师。当老禅师接待他时,年轻人自认为自己各方面的造诣很深,言谈之间,自然流露出了对大师的傲慢无礼。

老禅师轻轻地笑了笑,仍旧殷切地给年轻人倒茶水喝。可是在倒水时,杯子明明已经满了,老禅师依然不停地往里面倒水,结果自然是水倒了一地。年轻人在一旁喊道:"大师,杯子里的水已经满了,您为什么还要往里倒水呢?"

老禅师由此说出禅机:"是啊,既然杯子已经满了,水怎么还能倒得进去呢?"禅师的言外之意是,既然你已经很有学问了,为什么还要到我这里来求教呢?

听罢,年轻人大悟,深刻认识到,想要成就大圆满还需要"空杯心态"。

空杯心态是一种对自我的永不满足,即随时对自己拥有的知识进行调

44

整和处理,清空陈腐过时的旧知识,为新知识的进入备出空间,保证自己的知识不断更新,这其实就是一种虚怀若谷、自我定位的修养。

"学习的敌人是自我的满足,要认真学一点儿东西,必须从不自满开始"。空杯心态就是一切从头再来,就像大海一样把自己放在最低点,这样才能吸纳百川、广阔无垠。

然而,在现实生活中,并不是每一个人都懂得这样的道理。他们一味沉浸于以往的成功、荣誉、辉煌、掌声或成绩中,骄傲自满、目光短浅、安于现状、故步自封,结果弄得自己错失良机、一事无成,还容易迷失自我。

在实际生活中,我们看到过不少这样的现象:有的人或者有的单位曾经很优秀、很杰出,但后来却停止不前甚至落后了。其中最大的原因之一,就是这些人或者单位在取得一定成就后就固步自封,致使当初的成功反倒成了后来发展的包袱。

王宏是一位名副其实的"海龟",他先是在美国某知名大学进修了市场营销课程,又在德国一所知名大学进修了工程管理课程,可谓是才华出众的"双料博士"。他毕业回国后,几乎周围所有人都看好他的未来,但现实并非如此顺利。

刚开始时,应聘单位一听说王宏是"双料博士",都争相聘请他。但是,让人难以理解的是:他在毕业后的 3 年里,走马灯似地换了好几个单位,但每次都因为这样或那样的原因待不下去,最后只好辞职。

"我觉得自己工作非常努力,可为什么单位总是对我先热后冷,最后一点儿也不认可我呢?我以后要怎么办呢?"对于自己悲惨的"遭遇",王宏也感到非常委屈和迷茫,而这一切不幸正是源于他没有空杯的心态。

虽然王宏的第一份工作就是某公司的分公司经理,但他自认为自己学历高、见识广,因此从骨子里他谁也瞧不起,处处以"功臣"自居,开口闭口"我曾经",他还认为公司目前的管理、技术等方面均不算先进。

抱着这样的心态,王宏自然很难学到东西,拿不出出色的工作表现,因此,单位对他的态度急转直下。没多久,领导对他的能力开始产生了怀疑,他被辞退了。之后，他又去过几家单位，但每次都是大同小异，过不了几个月他就被辞退了。

王宏的心太满了，整天活在"双料博士"的光环中，自我感觉太好，处处以"功臣"自居，开口闭口"我曾经"，结果在公司学不到东西，成了单位的落伍者，甚至成了单位的绊脚石，自然不被欢迎，值得我们所有人警醒。

因此，我们不能沉迷于过去的成功之中，要从成绩的顶峰上走下来，将心里的杯子倒空，别被那些成就、经验、利益、学识等看似重要的东西束缚了自己，随时从零开始，用一个崭新的姿态迎接新的挑战。

对于有远大志向的人，尤其是从容淡定的人来说，成功永远在下一次。他们会把自己想象成一个空杯子，时刻保持"归零"心态，进而能够接受更新的思想，不断发展、创造新的辉煌，在人生的道路上越走越远。

贝利是20世纪最伟大的足球明星之一，被喜爱他的人尊为"球王"。在他20多年的足球生涯中，总共参加过1364场比赛、共踢进1282个球，而且创造了一个队员在一场比赛中射进8个球的纪录。

贝利超凡的球技不仅令亿万观众如痴如醉，而且常常使球场上的对手拍手称绝。在他个人进球纪录满1000个时，有记者采访他时这样问道："在这1000个进球中，您认为自己哪个球踢得最好？"

贝利的回答耐人寻味，就像他的球艺一样精彩绝伦，他淡淡地回答道："下一个。"

贝利不满足一时的成功，敢于向自我挑战，从而不断超越。换句话说，因为拥有了"空杯心态"，他才保证了永创一流。不管是个人还是单位，都应该向贝利学习，永远拥有"空杯心态"。

当"归零"成为一种气节和修养、成为一种延续的常态、一种不断时刻要做的事情时，也就完成了自我的全面超越。如此，相信我们定能攀登新的高峰，获得无穷无尽的乐趣，享受从容淡定的人生。

第三章

从容淡定是一种坦然，一种自若

从容淡定之人，为人做事不慌不忙、不躁不乱、井然有序。面对变化，不惊不惧、不愠不怒、镇定自若、处之泰然。其中，"不以物喜，不以己悲"的坦然，是从容淡定；"宠辱不惊，看庭前花开花落；去留无意，望天空云卷云舒"的自若，亦是从容淡定。

别在鲜花和掌声中"倒下"

在成功面前，人难免会变得浮躁、激动，这就更需要我们在成功面前保持一个冷静的心态，寻求心灵的平衡和寂静。不以物喜，从容淡定，始终保持冷静，越是成功越要冷静，那么将有更大的成功等着我们。

一位知名的企业家经常告诫企业员工："企业最好的时候，常常是不好的开端；产品最走红的日子，很可能是滞消的开始。"此言极富哲理，人也是一样，面对鲜花和掌声的时候，最容易"倒下"。

所谓鲜花和掌声，自然是成功的代表，当成功的时候，人难免会开始浮躁、激动起来，这就更需要我们在成功面前保持一个冷静的心态，寻求心灵的平衡和寂静，做到不以物喜、从容淡定。

拿破仑·波拿巴是法国近代资产阶级军事家、政治家、数学家、法兰西第一帝国皇帝，他一生大小征战百余次，大多攻无不破、战无不胜，被称为"奇迹创造者"，生活在鲜花和掌声中，可他一生的悲剧也就源于此。

拿破仑成名于1789年法国大革命爆发时期，期间他积极投入这场革命，曾先后出征意大利、埃及、英、俄、奥等国，凭借着非凡的军事才能与勇气一再创造军事上的辉煌，极大地震撼了欧洲各国的王室。在短短几年内，他由一个默默无闻的炮兵上尉跃升为一个率领数十万大军的将领，被推举为法兰西共和国终身执政领袖。

面对这些胜利，拿破仑无比陶醉、无比自信，可惜这种无限膨胀的自信使他变成了一个失去理性乃至荒谬的人物。他相信自己胜过相信上帝，用他的话来讲："在我的字典当中是没有'不'字的。""我不知道什么是极限，只向往一个世界帝国，世界要求我来统治它。"

在这种心态的引导下，拿破仑不满足于登上法国皇帝的宝座，他还大肆瓜分欧洲领土。而对于拿破仑的侵略行径，欧洲列强当然不会善罢干休。从1806 年到 1810 年，共有 3 次反法同盟组成，随后均告瓦解，但反抗总是不断。直到 1812 年 6 月，拿破仑率领 60 万大军逼进莫斯科，在天寒地冻及俄国正规军与游击队不断骚扰下彻底瓦解了，他只好率 27000 名残兵败将退回巴黎，留下"滑铁卢"的败绩。

拿破仑一生最大的悲哀是"滑铁卢"败绩，而这正是源于他打了太多的胜仗，享受了太多的鲜花和掌声，陷入盲目自满的泥潭，没有危机意识，有的只是冲击意识，结果变成了一个地地道道的战争赌徒。

冷静是成功的试金石，是成功的必要因素。那些从容淡定之人，定有在成功面前不慌不忙、沉着冷静的特点，也只有这样，他们才能保持自制，并正确地判断局势，作出正确的决定，从而应变局势，取得更大的成功。

谢安是东晋名相，自幼聪慧，沉着冷静、举止大方、思维敏捷，20 岁即能撰写词赋诗，高谈阔论，并擅长行书，为当时很多名人所推崇，名声渐大，后被孝武帝司马曜提拔为中书监、录尚书事，总揽朝政，并可代表皇帝下达命令。

公元 383 年，前秦王苻坚大量出兵分道南侵，企图灭晋，军队屯驻淮水、淝水间。当时晋朝以谢安录尚书事，征讨大都督，谢安部署对敌作战的计划，并派弟弟谢石、侄儿谢玄率军在淝水坚拒苻坚军，苻坚大败，史称淝水之战。

当时，谢安正和客人下围棋，不一会儿，谢玄从淮水战场上派出的信使到了，谢安看完信后默不作声，又慢慢地下起棋来。客人忍不住了，问他战场上的胜败情况，他这才缓缓地回答说："仗打胜了。"说话间，神色、举动和平时没有两样。

尽管在政治、军事上取得了如此巨大的成就，谢安丝毫没有骄傲自满过，他为人谦逊，扶保晋室，使朝野归于和睦，一举一动都被世人仿效。他在成功面前不慌不忙、沉着冷静的风度真是令人叹服。

取得了成功，很容易让人自满起来，缺少了继续前行的动力，然后就只停留在一个阶段停步不前。人就怕自满，一旦自满就容易忘乎所以，觉得自己已经高高在上，拥有一切而停步不前，最终导致的也许只有失败了。

谢安之所以能够取得如此巨大的成功，在于他懂得在鲜花和掌声中保持冷静、戒骄戒躁，进而正确认识自己每个阶段的目标与成功的标准，而这更加有力地促使了他去追求成功，最终取得令人艳羡的辉煌。

即使在某个阶段取得成功，当手捧花环、万人簇拥的时候，你也要始终保持冷静，不要把成功变成自满的资本，不要在掌声和鲜花中"倒下"，越是成功越要冷静，只要你继续努力，更大的成功就会在不远处等着你。

上帝关闭一扇门时，还为你留了一扇窗

生活没有绝对的失去，更没有永远的拥有，我们在得到的过程中不同程度地经历着失去，而在失去的同时也得到了某种永恒。上帝关闭一扇门时，还为我们留一扇窗。既然如此，我们又何必患得患失？

人的一生中，几乎没有谁的生活是一帆风顺的。但是，很多时候，当所有的门都对你关闭的时候，上帝还为你留着一扇窗户。当你觉得自己已经一无所有的时候，其实，你还拥有不少的东西。

常言说"祸兮福之所倚，福兮祸之所伏"、"人有悲欢离合，月有阴晴圆缺，此事古难全"，整个人生就是一个不断得而复失的过程，无论你的选择是什么，你注定会失去一些东西，也注定会在失去的同时又获得另外一些东西。

所以，你无须大喜或大悲。面对失去，不要过于落寞，更不要痛苦，要想到这是另一种意义上的得到、是逆境中的磨炼。能够淡然接受并从容失去，才能从失去中有所获得，这个道理自古就有先贤为证。

春秋时期，人称"陶朱公"的范蠡，不仅学识渊博，而且足智多谋。他的一生可谓是大起大落，总结起来一共有三聚三散。但是，面对这些得到与失去，他无一不是坦然面对。

所谓"一聚一散"，即最初范蠡帮助越王打败吴王、成就霸业后，被越王封为上将军。可范蠡知道勾践为人可共患难而不能共富贵，为避免兔死狗烹的下场，他毅然放弃自己创下的丰功伟业，辞书一封，乘一叶扁舟趁着夜色而去。

尔后，范蠡更名改姓，来到了齐国，耕于海畔。凭借过人的商业头脑，没有几年就积累家产数十万，齐国人仰慕他的贤能，欲将之拜为宰相。范蠡感叹道："家里有了千金，做官做到宰相，总是名声在外，实在是不祥的开始啊。"于是，他归还宰相印，将家财分给乡邻，再次隐去，此谓"二聚二散"。

之后，范蠡又来到了陶地。他看到此地为贸易要道，可以此致富，于是，他自称陶朱公，留在此地，继续从事商业经营活动。没用多长时间，他又积累了丰厚的家产。没想到，范蠡的次子因杀人而被囚禁在楚国。

为了搭救自己的二儿子，范蠡决定派三儿子带上一牛车的黄金前去探视。可是长子坚持要替少子去，并以自杀相威胁。没办法，范蠡只好同意。到了楚国以后，由于长子办事不力，使范蠡的次子死在了狱中，这就是"三聚三散"。

得知死讯后，范蠡一家无不悲痛万分，唯有范蠡独笑说："我早就知道次子会被杀。我先前决定派少子去，就是因为他生在家道富裕之时，不知财富来之不易，能舍弃钱财。长子从小知道生存的艰辛，所以不忍舍弃钱财，次子死在楚国也是情理中的事，无足悲哀。"

晚年生活，范蠡安然于得失的本色，丝毫不改，稳于心中。如逢丰收，可以"欢会酌春酒，摘我园中蔬"；如遇灾年，则"夏日抱长饥，寒夜列被眠"。对于所谓的世事得失，怎一个坦然了得。

范蠡不仅能治国安邦、善于经商，他的眼界和境界也是非同一般。面对高官厚禄或是富甲一方,他能坦然取之,又坦然舍之;在亲人生死离别之时,他又能不急不躁、平静接受,这值得每一个后人学习。

失去了生活的轰轰烈烈,就享有了平平淡淡的幸福;放弃了急流险滩,才能拥有温馨的港湾。上帝在关闭一扇门时,还为你留了一扇窗。既然如此,你又何必患得患失?不如不困惑,不如不挣扎,得到时要珍惜,失去时要放手,安然于两者之间,以淡定、从容之态面对各种突发和意外。

从前,有一个国家的宰相,无论遇到什么事情,他都是一副很淡然的样子,这让国王觉得又可笑又有些厌恶。

有一天,国王准备外出,突然下起了大雨,这让国王非常扫兴,但是宰相说:"这是一件好事情,大雨过后的街道一定会被冲刷得很干净,您就可以享受清新的空气了。"国王听后没说什么。

又一次,国王准备外出巡视时却遇到了酷热的天气,十分郁闷。这时宰相又对国王说:"这是一件好事情,在这么炎热的天气下出巡才能了解百姓的疾苦,不是吗?"国王本想打道回府,被宰相这么一说,意味着回去就等于不顾百姓的疾苦,于是他强忍着一股无名火没有发作,恨极了宰相。

后来,国王在检查猎器时,不小心被猎器斩断了一截手指,宰相居然也认为这是上天最好的安排。国王听后终于忍无可忍,立即把他打入大牢,并以一种幸灾乐祸的嘲讽口吻问宰相:"你认为这也是最好的安排吗?"没想到宰相居然说"是",国王更加生气了,恼火地抚了抚袖子,扬长而去。

过了一段时间,国王去打猎,不小心误入森林深处,被食人族捉住了。当晚,食人族准备了柴火,支起了大锅,准备烹煮国王,但是,当食人族清洗国王身体的时候却发现国王少了根手指头,他们认为身体不完整的猎物是不祥之物,于是他们烹煮了国王的侍从,并用特有的仪式把国王送出了森林。

劫后余生的国王回国后做的第一件事情就是去牢里拜见宰相,他激动地说:"断了指头果真是一件好事情。"宰相笑了笑,回答:"您把我关到大牢里也是好事,陛下您想,如果我不在牢里而是像以往那样陪同您去打猎的话,那么我必死无疑,因为我很完整啊!"

听完宰相的这番话，国王终于开悟。

安然看待得与失，需要一颗平常之心、一种淡然之态。坦然之后，才会有笑对、才会有幸福。正像一代名臣曾国藩所说："得失有定数，求而不得者多矣，纵求而得，亦是命所应有。安然则受，未必不得，自多营营耳。"

当我们拥有某些东西的时候，就要珍惜它的美好；而失去不代表我们对生活的失职，不表示我们对梦想的放弃，不意味我们对信念的亵渎，更不能说明这是厄运的开始，谁也不能说这不是人生中的另一种契机。

祸福相依，得失相伴，很多东西既然已经失去，即使心有万千不甘，也不妨就随它去吧。抱有一颗淡泊明志、从简修行的心，平静面对得失，以一种泰然自若、淡定从容的姿态向接下来的新的得到招手致意吧。

吃亏并不是什么坏事儿

吃亏不仅是一种理性面对得失和追求的坦然，更是一种睿智的境界、一种大智慧的超越。能够吃亏的人，他们的内心往往是简单而淡然的，他们不会沉陷于是非纷争中斤斤计较，不会局限在狭隘的自我思维中。

清代著名书画家郑板桥，在写过"难得糊涂"之后又写了一个著名的字幅就是"吃亏是福"，其中之意不难理解：我们在与人交往的过程中要能吃得了亏，不能过于计较个人眼前的得失。

生活中，一个能够吃亏的人，往往有着更加大气的胸怀。他们不沉陷在与人是非争斗、斤斤计较之中，也不局限在狭隘的自我思维中。吃亏不仅是一种坦荡的人生智慧，更是一种自若的做人方式。

郑板桥被誉为"扬州八怪"之一,他的诗、书、画艺术精湛,号称三绝。在创作过程中,他还把诗、书、画三者巧妙结合,独创一格,达到了一种全新的艺术境界,这一切都源自他豁达而开朗、舍得"吃亏"。

在官场上,郑板桥非常爱护百姓,曾经因为在灾荒之年为灾民赈济之事而触犯了上司,最后被罢官回乡。可是,郑板桥并没有因此而和上司斤斤计较,也不为官场失意而郁闷不乐,而是骑着毛驴悠然回到故乡,从此专注于诗、书、画,后来他因书画而闻名于世,金农、黄慎等有名的画家都与他交往甚密,很多达官贵人为了他的墨宝而登门造访,这些人中也包括他昔日的上司,最终郑板桥和他的上司成为了朋友。

郑板桥写过两条著名的字幅,就是流传至今的"难得糊涂"和"吃亏是福",正是凭借着这种不怕吃亏的心态,郑板桥始终不求名利、不计得失,不但获得了坦然自若的心态,而且留下了万世美名。

如果想要做成一些事情,那么"吃亏"的策略便是必不可少的。"将要取之,必先予之",舍小得才能够有大得,暂时的吃亏是一种投资,是一种非常高明的处世方法,许多成大事者无不精通此道。

春秋四公子之一的齐国大夫孟尝君,求贤若渴、待人真诚,府中有食客三千,其中,有一位名叫冯谖的食客,他经常一住就是两三个月,却什么事都不做,但孟尝君每次都会热情招待他。

有一天,孟尝君要叫人到其封地薛邑讨债,问谁愿前往,可是没有人愿意前去讨债。

这时,冯谖站了出来,说:"我愿去,但是,我不知道用催讨回来的钱买些什么东西。"

孟尝君说:"如果真的要买些东西的话,就买点儿我们家缺少的或没有的东西吧。"

众人听完孟尝君的话,都替冯谖捏了一把汗,因为孟尝君在齐国是一人之下,万人之上,什么奇珍异宝没见过?什么奇珍异宝没有呢?冯谖能买什么东西呢?在大家的观望下,冯谖领命而去。

当冯谖到了薛邑后，看到百姓的生活十分穷困，怨声载道，他们听说孟尝君的讨债使者来了，更加抱怨，谁知，冯谖召集了全体百姓说："孟尝君知道大家生活困难，这次特意派我来告诉大家，以前的欠债一笔勾销，孟尝君叫我把债券也带来了，当着大伙的面，我把债券全部烧毁，从今以后，再不催还。"

薛邑的百姓感动得高呼万岁，纷纷称赞孟尝君的大恩大德。

冯谖回去复命，孟尝君问他："利钱讨回来了吗？"

冯谖回答说："不但没讨回利钱，而且我还把债券也给烧了。"

孟尝君大怒："什么？我的封地本来就少，而百姓还多不按时还利息，宾客们连吃饭都怕不够用，所以请先生去收缴欠债。但现在你不仅没有把账收回来，居然没有经过我同意就擅自做主烧毁了所有的契据？！"

冯谖平静地答道："您不是叫我买家中没有的东西吗？我已经给您买回来了，这就是'义'，这对您以后会大有好处！"

很多年以后，齐王受到秦国和楚国毁谤言论的蛊惑，解除了孟尝君的职位。孟尝君只得回到自己的封地薛城，薛邑的百姓听说恩公孟尝君回来了，都出城迎接，坚决拥护他，誓死追随他。孟尝君甚为感动，这时才体会到冯谖的良苦用心。后来，就是因为这些民心，齐王才让孟尝君官复原职。

冯谖不愧是一位高瞻远瞩、颇具深远眼光的投资家。他通过烧毁不可得的借据，将先前的借款给予了薛地百姓。看似是让孟尝君吃了亏，但却帮助孟尝君赢得了可贵的民心，换来了光明的前途。

在现代社会巨大的竞争压力下，吃亏就更显得是一种难得的境界了。几乎所有的领导都喜欢办事得力、不计较个人得失的部下。要取得领导的信任，吃亏有时是无法避免的，又何必去计较不休、自我折磨呢？对于这一点，某电视台高级销售经理人马丽深有体会。

大学毕业后，马丽在某电视台做初级广告销售代表。作为一名刚进入此行的年轻人，在竞争惨烈、人才济济的情况下，马丽明白只有自己主动一点儿才有可能有所成就，因此她总是主动去做更多的事情。

公司的客户电话薄旧了，马丽会主动将电话记录抄写到新的电话薄上；

上司要打印客户资料,她总是第一个跑到打印机前:"来,让我做吧。"有同事工作进度慢了,她忙完自己的工作,就主动帮对方做一些工作……看起来马丽吃了亏,但是她却赢得了全公司人的喜欢,人人都称赞她是一个好姑娘。

有一次,公司需要有人来负责销售政治类广告,这是一个比较棘手的工作,要想做好这份工作不仅要有丰厚的经验,而且要付出比平时更多的时间和精力,更关键的是没有业绩也就没有提成,因此没有人肯吃这个亏。

正当公司犹豫该将这个"烫手山芋"交给谁时,马丽觉得自己在大学期间曾阅读过不少与政治相关的书籍,对此会很有帮助,于是她主动找到上司,向上司表达了她希望做负责人的想法,还上交了一份关于未来工作计划、课题的报告。这令上司颇为欣赏,经过慎重考虑,上司将这份工作交给了马丽。

同事们长吁了一口气,感慨终于不用轮到自己做这件苦差事了,同时他们也对马丽增加了几分感激和佩服。有些同事很不解地问马丽为什么要冒这个险,马丽笑笑说:"吃亏就是福嘛!"刚接手这份工作时,马丽心里也有点儿发虚,但她凭借着踏实认真的工作态度,最终将这个工作做得顺风顺水。

后来,公司想要提拔一个年轻干部,同事们都一致推选马丽,马丽凭借着在政治类广告销售领域积累的丰富知识与技能,铺下了很广的客户人脉,最终成为了负责高端商业客户的高级销售经理。

表面上看,马丽是吃了一点儿亏,可正是由于此才使她获得了公司中上至领导,下至同事的一致赞叹,同时,大家把她的吃亏看在眼里,记在心里,会认为欠了她一个人情,才愿意把升职加薪的机会让给她。

吃亏并非是了无追求、碌碌无为,而是一种理性面对得失和追求的坦然,是一种面对索取和作为的豁然,是旁观于他人追名逐利而仍能保持宁静和明智的自若。在一次次吃亏的损失中,便练就了一份从容淡定的情怀。

在生活中,有3种人是不肯吃亏的:第一种是肚量小的人,吃了亏就想不开,茶饭不思;第二种是火气太大,吃亏后轻则破口大骂,重则大打出手,将事情弄得不可收拾;还有一种是心眼儿小的人,吃了亏就要睚眦必报,常常让与其共事的人怨声载道，失去人气，让自己因小失大。

以上这3种人因为过分计较得失，反而会舍本逐末，丢掉了从容淡定的姿态，损失了应有的幸福，最终都是要吃大亏的。所以，如果你是以上3种人中的一种，最好能及时改正自己，在生活中学会吃亏。

不斤斤计较于个人得失，更不会在小事上纠缠不清，而是有着开阔的胸襟和远大的抱负。如此，便涤荡了心灵，从而完成了一个潇洒的转身，而人生就是在这样一次又一次洒脱的转身中，舞动出了一首精彩的华尔兹。

学会"弃卒保车"，才能赢得人生这盘棋

当你拥有某些东西的时候，你也许正在失去，而舍弃的时候，你或许正在重新获得。真正有智慧的人懂得舍弃，更懂得在必要的时候通过牺牲较小的利益来换取更大的好处，如此才能赢得人生这盘棋。

"弃卒保车"是一个象棋用语，是一种小舍大得的智慧。做人与下棋其实是同样的道理，在人生道路上，在必要的时候我们要学会通过牺牲较小的利益来换取更大的好处，如此才能赢得人生这盘棋。

古人云"鱼与熊掌不可兼得"，智者曰"两弊相衡取其轻，两利相权取其重"。能否舍弃人生路上必须舍弃的东西，是一个人能否冷静而准确地认识自己、认识环境，能否理性、客观地规划自己的理想与生活的关键，更是勇者与智者的修炼。

但是，遗憾的是，大部分人都不愿意放弃自己的利益，哪怕很小，也会不舍。既不愿舍去，又想占全所有好处，结果只能是什么都得不到。就像手中的

沙子,越是想把它攥紧,从指缝间流失的沙子也就越多。

一位年轻的母亲正在厨房里做饭,忽然听见从客厅里传来4岁儿子极度恐慌的声音:"妈妈,妈妈,快来呀!"

年轻的母亲闻声便下意识地跑到了客厅,发现原来儿子的手卡在了一个花瓶中,他使劲地想把手拿出来,但是却无法脱出来,因此痛得连声直叫。母亲想帮儿子将手从花瓶中拉出来,可试来试去也无济于事。

看着儿子脸上挂满了泪水,手腕处被瓶颈勒得通红,年轻的母亲心疼极了,她仅仅犹豫了几秒钟,便找来一个锤子,小心翼翼地开始敲打这个花瓶。费了很大的劲儿,儿子的手终于出来了。

这时,儿子的手紧紧攥成一个拳头,小手怎么也松不开,这可吓坏了年轻的母亲,她想,难道是孩子的手在花瓶里卡得太久而变形了?

等她将儿子的拳头小心地掰开时,一边彻底松了口气,一边让她哭笑不得:孩子的手没事,他的小手心里紧紧攥着的是一枚5分钱硬币,而那个刚刚被她敲碎的,是一个价值3万元的古董花瓶。

原来,淘气的儿子不小心将一枚硬币扔进了花瓶,便想把它们取出来。可由于紧紧攥住硬币的拳头大过了瓶口,于是就怎么也出不来了。

年轻的母亲不由问儿子:"你怎么不放下硬币,把手松开呢?那样你的手就可以出来,妈妈也就不必打烂这个花瓶了。"

儿子只回答了一句话:"妈妈,花瓶那么深,我怕一松手,硬币就跑掉了。"

为一枚5分钱的硬币砸烂了一个价值3万元的花瓶,这个故事听起来未免有些可笑,但在一笑之后,我们可曾意识到,这个发生在4岁孩子身上的故事,其实也普遍存在于你我之间?

想来,人们之所以紧抓"硬币"不愿松手,可能是因为人们总是固执地认为,只要我们攥紧拳头,拥有的就会变成永久。其实不然,将手中的东西抓得太紧,不肯舍弃那些细枝末节和不切实际的东西,最后只会导致因小失大,甚至以悲剧收场。

有了这样的认识后,为了成就大事,就必须学会放弃小利。有时候,舍得蝇头小利,在失去的同时也将得到别样的收获,甚至可以说是用小饵在钓大鱼。以小成大,更能体现一个人的胸襟与智慧。

相传,古代有一个叫高智的国王,他即位 3 年后,通过各种措施使得国家实力蒸蒸日上,人民安居乐业。这引起了有着游牧民族的野蛮和霸气、国势强大的邻国北胡国的寻衅。

一天,北胡国派了一个使臣来晋见高智,命令式地要求他送一匹千里马给北胡国王。大臣们纷纷认为,千里马是先王遗留下来的,不可轻易送人。然而北胡的实力又是无法与之匹敌的。为此,国王高智也大伤脑筋。

第二天,国王高智传来了使者,轻松地对使者说:"我与北胡为邻,区区一匹马怎能伤了我们之间的感情?我非常高兴贵国能够接受我的赠送。"随即,国王便不顾大臣们的反对,叫使者把马牵走了。

不久,北胡使者又带来国书,表示北胡国王看上了高智国王美貌的王后,要求他把王后送给北胡国王。面对北胡国再一次的无礼要求,高智的大臣们气得咬牙切齿,强烈要求国王斩掉来使,大不了和北胡国拼个你死我活。高智摇摇头说:"岂可为了一个女人而失去一个邻国?他既然喜欢我的王后,给他便是。"

国家的很多人不解,越来越觉得自己的国君懦弱无能、胆小如鼠,而北胡国王得了高智的良马、美人,更觉得高智真的惧怕自己,于是便对高智放松了警惕,日夜荒淫,不理朝政。

有了高智国王前两次的"拱手相送",北胡国又变本加厉地派遣使者向高智索要大片土地。群臣得信后,也和北胡国一样,满心以为高智国王会像前两次那样把土地割让出去,这一次很少有人提出抗议。

没想到,高智国王一反常态,勃然大怒,愤愤地说:"土地乃国家之根本,怎能给人?!"接着,让侍卫杀了北胡来使并率兵出征北胡。北胡军队猝不及防、溃不成军,连战连败,最终全军覆灭。

为了国家的命运,高智国王不惜牺牲自己的良马、爱妃。在他看来,这些纵然是自己不忍、不甘舍弃的,但相比于一个国家的大局利益而言,这些又显得是微不足道的小利。当然,这些小失又在一定程度上起到了麻痹敌军的作用。

是左是右、是取是舍,经常会把人推到矛盾、纠结,乃至无助、绝望的边缘,人们因为有多种选择而变得难以抉择。然而,当我们逐渐参透了得失的智慧、练就了取舍的本领后,就会懂得弃卒保车,抓住更大的收获。

孟子曰:"鱼,我所欲也,熊掌,亦我所欲也,二者不可兼得,舍鱼而取熊掌者也。"我们不可能将鱼和熊掌兼而得之,我们不能奢望"全得",要学会"舍得",如此,也许未来的视野即将会展现出另外一种截然不同而豁然开朗的景致。

暂时的"低就"是为了将来的"高成"

没有一条路平整到毫无坑洼,但我们却不能因为坑洼而拒绝前行;没有一片土地平阔到没有低谷,但我们也不能因为低谷而放弃大河山川。积弱图强、守弱保刚,在恰当的时候我们必须学会"低就",好为将来的"高成"做准备。

很多时候,我们需要脚踏实地地做事,从低处做起。尼采曾说:"树之所以能长成参天大树,是因为它把根深深地埋入了土里。"大自然赋予了太多如此的象征,如大海之所以能广纳百川,不在于其本身的伟大,而是因为它地势低洼。

可是,如今有些"志存高远"、自命不凡的人,一旦没有得到想象中的重视,就觉得他人轻视或者蔑视了自己,于是便不肯"低就",进而不够坦然自若,感叹大材小用,从此不思进取和沉沦,甚至懦弱和畏缩。

我们应该积弱图强、守弱保刚。没有一条路平整到毫无坑洼，但我们却不能因为坑洼而拒绝前行；没有一片土地平阔到没有低谷，但我们也不能因为低谷而放弃大河山川，否则迟早会栽跟头，难以"高就"。吴大雄的经历就充分地诠释了这个道理。

吴大雄是某名牌大学中文系的高材生，他思维敏捷、才华出众，又很自信，毕业后被分配到了一家省级出版社工作。吴大雄一直想当一名针砭时弊、实事求是的记者，可一开始上司只分配他校对文稿。

校对文稿是一项最基本的工作，整天待在办公室，又非常需要认真和耐心，这让一心想干一番大事业的吴大雄感到非常不爽，他终日提不起精神，对工作毫不认真，敷衍了事，结果经他校对的文稿错误百出。

上司原本认可吴大雄的才学，之所以让他先做校对文稿的工作，是有意锻炼他的耐心与毅力。现在，他见吴大雄连文稿都校对不好便失望了，心想连最简单的工作都做不好，还能干什么重要的工作呢？于是就将之辞退了。

由此可见，在不被重视和重用的时候，如果一个人不能坦然自若地面对，不能沉下心来好好做事，终究只能让自己局限于旧有的捆绑中不得前进，即使是个杰出人才，也难以得到更大的发展舞台。

要想"高就"，就必须在恰当的时候"低就"，"低就"不是不思进取和沉沦，更非懦弱和畏缩，而是在客观上给我们创造一种机遇，在"低就"中积蓄力量、调整心态、磨炼意志，从而为我们带来不一样的改变。

"不积跬步，无以至千里；不积小流，无以成江海"的古训早已让我们耳熟能详，那些取得了较大成就的人，并不是因为一开始便居于高位，也不是因为他们有一步登天的本领，而是他们懂得在不被重用与重视时能够坦然自若地低就，天天有进步，月月有提高，年年有改变，如此不断地完善自我，"高成"便指日可待。

例如，犹太人是世界上最富有的人，他们的成功不是天生的，他们大多是从最底层的工作开始做起的，有的做过卖报童，有的做过小商贩，还有的做过电焊工。他们的一大共性是，不管做什么，都能从容淡定地将本职工作做好，在平凡的工作中取得出色的成绩。

通往成功的道路向来都是呈螺旋或阶梯式前进的，有高潮的时间也有低落的时候。这就像空中的飞燕一样，只有在低落的时候沉得住气，保持一份坦然自若、从容淡定的心态，才能调整好自己，不会因为各种各样的诱惑而迷失方向，才能经受住成功路上的种种考验，再一次地飞向高空，未来的路才能走得更宽阔、更广远。

总之，暂时的"低就"是为了将来的"高成"，不要轻视自己所做的每一件事，即便是最普通的，也应从容淡定、全力以赴地去完成。相信，总有一天，你会在不知不觉中完成"高成"的完美蜕变。

宠辱不惊，没有什么事情不能坦然面对

宠辱不惊是一个健康人士的应有心态。人生在世，有褒有贬、有毁有誉、有荣有辱，这是人生的寻常际遇，学会以坦然的心态去看待世事的发展，你才能够获得内心的平静，赢得别人羡慕的成功人生。

古语有云：宠辱不惊，闲看庭前花开花落。这句经典的话，是在告诫我们要拥有宠辱不惊的心理状态，坦然面对可能发生的所有事情。然而，在现代社会中，很多人在得失面前总是会表现出无所适从的茫然。

殊不知，事物本身带给我们的影响远远不及我们面对时的态度，如果我们很难做到从容淡定地面对宠辱之变，只是一味地后悔、埋怨与喋喋不休，最终会给生活留下许多伤感、痛苦与怨恨。

人生在世，有褒有贬、有毁有誉、有荣有辱，这是人生的寻常际遇，不足为奇，因此，无论身处怎样的境地，我们都应当尽量做到宠辱不惊，这样才能收获平稳的心态，体会到从容淡定之美。

皮特从加州某大学毕业了，被美国冬季征兵活动选中，将加入最危险的海军陆战队。得知这个消息后，他非常紧张，每天都是忧心忡忡。

皮特的爸爸看到他这个样子，决定和他聊聊天。他对皮特说："孩子，其实你没必要这么忧心忡忡的。到了海军陆战队，你或者是留在内勤部门，或者是分到外勤部门。如果你分到了内勤部门，就完全用不着去担惊受怕了，那些工作都是很轻松的。"

爸爸的话，并没有让皮特放松，他说："爸爸，去哪个部门也不是我自己选的啊。要是我被分配到了外勤部门呢？在外勤部门不仅需要出去作战，而且所面对的各种环境也是非常恶劣的。"

爸爸笑着说："那也没关系。即使去了外勤部门，你还是有两个选择，一个是留在美国本土，另一个是分配到国外的基地。如果你被分配到美国本土，这跟待在家里没有什么分别，又有什么好担心的！"

"那要是我去了国外呢？"皮特继续问道。

"这样啊，那你还是有两个机会。第一个，被分配到和平而友善的国家；第二个，被分配到海湾地区。如果是前者，那么爆发战争的几率是很小的，约等于零，你就什么事情都不会有。"

皮特着急地说："可是，我要是真的去海湾了呢？那我不就完蛋了吗？"

"这怎么可能？如果你留在总部，而不是上前线，那么也不会有事。"

"那我要是上前线了，这该怎么办？假设我还受了伤，那我以后该怎么生活？"

"受伤也分程度的。也许你只是轻伤，根本无碍的。"

皮特还是不满意，说："那要是不幸，身负重伤呢？"

"那很简单，要么保全性命，要么救治无效。如果还能保全性命，还担心什么呢？"

皮特最后问道："天啊，要是救治无效，那我该怎么办啊！"

爸爸听完，大笑着说："这更简单了。你人都死了，还有什么可担心的呢？"

与爸爸相比，皮特显然在生活的智慧上还有很大差距。皮特的爸爸始终明白这样一个道理：无论人生面临什么样的际遇，如果一个人能有意识地把荣辱得失皆从容的心态融会于生活的方方面面，那么就会体会到一种简单的幸福。

世间有很多事情都是难以预料的：有时候，我们会受到幸运女神的眷顾，收获意想不到的幸福，例如收获爱情、受到老板的赏识，甚至买彩票中了大奖，等等；但同时，也会突发一些状况，让许多人感到痛不欲生，例如生意的失败、恋人的背叛、亲人的离去……

宠也自然，辱也自在，不大喜，也不大悲，一往无前，自然会否极泰来。宠辱不惊，是一门生活艺术，更是一种处世智慧。古往今来，万千的事实证明，凡是有所成就的人无不具有这种"宠辱不惊"的宝贵品格。

19世纪中叶，美国实业家菲尔德率领他的船员和工程师们，用海底电缆把"欧美两个大陆联结起来"。菲尔德因此被誉为"两个世界的统一者"，一举而成为美国最光荣、最受尊敬的英雄。

但是一段时间后，由于海底电缆技术发生了故障，刚接通的电缆传送信号中断，极大地影响了人们的生活和工作。顷刻之间，人们的赞辞颂语变成了愤怒的波涛，纷纷指责菲尔德是"骗子"、"失败者"。

面对如此悬殊的宠辱逆差，菲尔德泰然自若，他没有理会那些恶劣的批评者，一如既往地坚持着自己的事业。经过6年的努力，海底电缆最终成功地架起了欧美大陆的信息之桥，菲尔德成为了历史英雄人物。

毋庸置疑，菲尔德是深谙从容淡定的生活智慧的。由此可见，宠辱不惊是一个健康人士的应有心态。学会以坦然的心态去看待世事的发展，才能够获得内心的平静，进而赢得别人羡慕的成功人生。

第四章

从容淡定是一种豁达，一种乐观

生活之中，不如意事常八九。或许是梦想搁浅，或许是仕途艰辛，或许是飞来横祸，或许是人生变故……一些人在面对这些变故时会每天以泪洗面、悲痛万分却于事无补。而从容之人则能心态平和、从容应对，表现出一种难得的镇静与豁达，所以，我们要能心平气和去面对一切的不如意，有一笑而过的气魄和勇气。

舍弃抱怨是你崛起的第一步

若你想抱怨，生活中的一切都会成为抱怨的对象；若你不抱怨，生活中的一切都不会让你抱怨。身处失意的时候，舍弃抱怨，积极地以客观和冷静的头脑分析当前的情况和原因，才能找到摆脱困境的方法，重新崛起。

生活中难免有不如意之事，在我们生活中，总能听到周围有这样或那样的抱怨，被领导批评了、工作压力大、工资低、物价又上涨了……只要生活在这世上，总有抱怨不完的事，每个人都在疑惑怎么有太多的不如意发生在自己身上。

殊不知，抱怨不但解决不了任何问题，反而会使问题更严重。如果抱怨成癖，还会造成心理失衡、痛苦，不仅自己感觉活得太累，而且会人见人烦，自己的性格、脾气也会变得古怪、孤僻，最终走向人生的死胡同。

有一本名叫《通向成功生活道路》的励志书，作者在书中写了这样一段令人印象深刻的话："生活中常见的一些绊脚石，是我们不知不觉间给自己树立起来的，那就是我们一而再、再而三地抱怨。"

小娟是一个公司的白领，她总是有很多牢骚，不是抱怨这个，就是抱怨那个，仿佛全世界的人都欠她的一样。她当着张三的面说李四不好，说李四如何对不起她，而当着李四的面她又说张三不好，还说张三办事如何不对。

一次，她又和朋友抱怨上了："你知道吗？我们公司的老板可小气了，用人特别狠，他想用最少的钱让我们干最多的活，每天把我给累的，我都不想干了。还有，我们公司的副总也是，一天到晚地训斥我们，还经常让我们加班，也不给加班费，你说这活还怎么干？最近公司的情况不太好，估计都快撑不下去了，你要是有什么好的机会帮我留意一下。"

一开始，面对小娟不停的抱怨时，朋友们还好言相劝，或者开导一番，但渐渐地，每次一见到小娟后，他们就像猫遇见老鼠一样，拱背竖发、全身戒备，心里祈祷小娟千万不要和自己说话。

每个人都想从别人的身上获得积极向上的东西，没有人愿意成为别人的苦水瓶子。无穷无尽地抱怨，会给人带来很大的负面影响，就好像总是让人生活在阴雨连绵之中，见不到一丝的阳光，没有人喜欢生活在那样的环境之中，所以人们见到总是抱怨的人自然会退避三舍、敬而远之。

的确，没有人喜欢体会失意。但是，最重要的是在失意时保持一份豁达乐观的态度，积极地以客观和冷静的头脑分析当前的情况和原因，然后找到摆脱困境的方法。简而言之，就是舍弃抱怨。只有这样，我们才能忘记苦恼而崛起。

有一则古老的寓言，可以给我们一些关于抱怨的启示。

有一个年轻的商人，划着小船给另一个村子的村民运送新鲜的水果。那天的天气酷热难耐，商人汗流浃背，苦不堪言。他心急火燎地划着小船，希望赶紧完成运送任务，以便在天黑之前能返回家中。

突然，商人发现前面有一只小船沿河而下，迎面向自己快速驶来，似乎是有意要撞翻自己的小船。商人大声地向对面的船吼叫道："让开，快点儿让开！再不让开你就要撞上我了！你这个白痴！"

商人的吼叫似乎完全没用，那只船并没有丝毫避让的意思，尽管商人手忙脚乱地企图让开水道，但为时已晚，那只船还是重重地撞上了他的船。商人厉声斥责道："你会不会驾船，这么宽的河面，你竟然撞到了我的船上？！"

但是，当商人怒目审视对方的小船时，他张大了嘴巴，因为他吃惊地发现，小船上竟然空无一人。听他大呼小叫、厉言斥骂、不停抱怨的只是一只挣脱了绳索、顺河漂流的空船而已。

在多数情况下，当你斥责、怒吼的时候，你的听众或许只是一艘空船，决不会因为你的抱怨而改变航向。抱怨,只会在你前进的路上设下种种障碍,一味抱怨的人,是永远不可能获得成功的。毕竟,一个心智急躁的人,又怎可能看清眼前的一切?怎可能重新焕发出从容淡定的力量?

若你想抱怨,生活中的一切都会成为你抱怨的对象;若你不抱怨,生活中的一切都不会让你抱怨。当事实摆在面前的时候,你不应该一味地去抱怨,而要靠自己的努力去改变现状,这样才能祛除内心的不满,重获从容淡定的心态,这是你重新崛起的第一步。

大学毕业后,文敏没有找到合适的工作,暂且在一家保险公司当了业务员。刚到公司上班,文敏就发现公司里大部分人对本职工作不认真,他们不是抱怨工作难做,就是抱怨待遇太低,有的还抱怨客户太无理。

的确,这是一份让人很头痛、很难做的工作,文敏的工作开展起来也很困难。第一个月她拿到的只是最基本的底薪。虽然工资低、职位低,但她知道抱怨不能解决任何问题,再难也要去干。

怎么样做才能让人们愿意接受保险业务员呢?经过一段思考后,文敏确定了工作路线,接着她一头扎进工作中,更加努力地工作。为此,文敏还在社区里举办了几场"保险小常识"讲座,免费为社区居民讲解保险方面的常识。

渐渐地,社区居民们对保险产生了兴趣,文敏接下来的工作进行得顺利多了,业绩突飞猛进,很快便受到经理的重用。时间一长,文敏成了公司里的"顶梁柱",而其他同事还在抱怨,还在原地踏步。

在人生的道路上,有阳光,也有阴霾;有平坦,也有坎坷;有畅通,也有荆棘。因此,不要为自己所遭到的逆境而失意,豁达乐观一点,放弃毫无意义的抱怨,心如止水,平静淡定,才能保持清醒的头脑和理智,才能从容淡定地走好人生之路。

改变自己的心态，就会获得全新的感受

幸运与不幸，其实一切都在于你面对事物时的心态。所以，你在无法改变事物时，不妨豁达乐观一点儿，改变自己的心态。如此，相信你会获得全新的感受，而且会发现糟糕的事情其实也是一件好事。

假如你的生命中只有半杯水，你会怎样？

这时候，有些人会自暴自弃地说："我完了，我的命运真悲惨，我命中注定只有半杯水。"然后，他就开始诅咒这个世界，自悲自怜。如此，他的内心也就凝聚了一股消极的情绪，陷入抱怨和诅咒命运的怪圈中，一辈子只能自卑自怜、毫无作为。

但是，当从容淡定的人拿到半杯水的时候，他的做法正好相反。他会微笑着告诉自己："呀，我并非一无所有，我还有半杯水呢，而且如果我愿意，我还可以把这半杯水做成一杯可口的糖水呢！"

同样一件事情，不同心态的人反应与差别竟然如此之巨大，真是耐人寻味。可见，一个人的心态，对周围事物的影响是何其之重。所以，我们在无法改变事物时，不妨豁达地接受，改变自己的心态。

森林里，动物们正在选新歌手，猫头鹰兴致勃勃地报名参加了比赛。比赛那天，猫头鹰那极具冲击力、刺激性和穿透力的声音令所有动物毛骨悚然，台下众动物们纷纷指责猫头鹰不该出来吓人。

顿时，猫头鹰羞愤难当、无地自容，从此以后，它改为夜间活动，白天则自我反省，还经常伤心落泪。

　　一天,猫头鹰有幸遇到了天神宙斯的儿子赫尔墨斯神,便哭诉着自己的悲剧,求赫尔墨斯神使用法力改变自己的嗓音。

　　听了猫头鹰的陈述,赫尔墨斯神说道:"你的歌声虽然不好听,但想想看,你的嗓音却可以震慑老鼠,谁的嗓音可以做到这样?你的嗓音是主的安排,你是独一无二的,你应该为此感到高兴,何至于哭泣!"

　　听完这话,猫头鹰茅塞顿开,开心地说:"谢谢您的鼓励,我知道自己该怎样做了。"于是,它不再为自己的嗓音苦恼,专心致志地抓捕老鼠,一次次的成功,让它成为捕鼠高手,在动物界很受欢迎。

　　人生总会有不顺心的时候,有很多事都不是我们可以控制的,如生老病死、天灾人祸、地震海啸等。既然"木已成舟",既然我们无法改变事实,那么沉迷与彷徨其中又有何意义?不妨学着豁达乐观一点儿,稍微调整一下自己的心态,你就会发现,糟糕的事情其实也是一件好事,你将会获得全新的感受。

　　苏格拉底单身时,和几个朋友一起住在一间很狭小的小屋里,生活非常不便,但他整天乐呵呵的。有人问:"那么多人挤在一起,你有什么可乐的?"苏格拉底说:"我们随时都可以交换思想、交流感情,这难道不是很值得高兴的事儿吗?"

　　过了一段时间, 朋友们相继搬了出去,屋子里只剩下了苏格拉底一个人,但是他仍然很快活。那人又问:"你一个人孤孤单单的, 有什么好高兴的?""一个人安静,我可以认真地读书,这怎能不令人高兴呢?"

　　几年后,苏格拉底搬进了一座7层大楼里,他住最底层。底层的环境很差,上面老是往下面泼污水,丢破鞋子、臭袜子和乱七八糟的东西,苏格拉底还是一副自得其乐的样子。那人又好奇地问苏格拉底为什么高兴,苏格拉底情不自禁地说:"住一楼进门就是家,进出家门、搬东西都很方便,而且还可以在空地上种花草……这些乐趣,数也数不尽!"

　　过了一年,7楼有一个偏瘫的老人,上下楼很不方便,苏格拉底便将一层的房间让出来,搬到了楼房的最高层,可是每天他仍然是快快乐乐的。那人挪揄地问：“住7楼是不是也有许多好处啊？”苏格拉底说：“是啊，没有人在头顶干扰，白天黑夜都非常安静；每天上下楼几次，有利于身体健康；光线好，看书写字不伤眼睛。”

后来，那人遇到苏格拉底的学生柏拉图，问道：“你的老师所处的环境并不那么好，但他为什么总是那么快乐呀？”柏拉图说：“那是因为他不能控制他人，但他可以掌握自己；他不能左右天气，但他可以改变心情；他不能选择容貌，但他可以展现笑容。”

的确，所谓“境由心生”，很多事情没有绝对的对错好坏之分，对待同样一件事，悲观的人萎靡、消沉；乐观的人轻松、快乐。如果你的眼中充满垃圾，那你的世界就会是一片腐臭；如果你的眼里是鲜花，那你的世界将会一片灿烂。

美国最受尊崇的心理学家威廉·詹姆斯曾经说过：“我们的时代成就了一个最伟大的发现：人类可以借着改变自己的态度，改变自己的人生！”因此，当你改变心态时，你所改变的不只是你的态度，还有你的言语和行为，以及人生命运的改变。

“如果有个柠檬，那就做一杯柠檬水。”皮特如是说。他是美国加州一位快乐的农民，他曾经把一个有毒的“柠檬”做成了柠檬水。

皮特看上了一片农场，但是当他真正买下那片农场后，却发现自己上当了，因为那块地既不能够种植庄稼和水果，也不能够养殖，能够在那片土地上生长的只有响尾蛇。皮特想，愁苦也没有用，不如想想办法，把那些“坏东西”变成一种资产吧。很快，皮特就发现一条好的出路，所有的人都认为他的想法不可思议，因为他要把响尾蛇做成罐头。

现在，皮特的生意做得非常大，不单罐头卖得好，他还把从响尾蛇身上取出来的蛇毒运送到各大药厂去做蛇毒的血清；将响尾蛇皮以很高的价钱卖出去，做女人用的皮鞋和皮包。后来，每年去皮特响尾蛇农场参观的游客差不多就有上万人，这个村子现在已改名为加州响尾蛇村，成为了旅游景区。

买下一块不能够种植也不能够养殖的农场，对任何一个人来说都是一

勇者从容
智者淡定

件糟糕的、无可救药的事。值得庆幸的是,皮特够从容淡定、够豁达乐观,有了这样的态度,自然能够把糟糕的事情变成受益无穷的资产。

这是奇迹吗?是奇迹,但也是必然。幸运与不幸,其他一切都在于你面对事物时的心态。消极的心态可以带来消极的情绪和行为,积极的心态则可以带来积极的情绪和行为,如此,生活的快乐、事业的成功、爱情的美好就都会向你招手。

不能改变环境,就改变自己

处于什么样的环境并不重要,重要的是你的选择:是选择软弱地屈服于环境,将改变境遇的希望寄托在改换环境方面,还是豁达乐观地面对不如意,用毅力去改变自己,使自己适应环境?两者的结果大不相同。

在遭遇不如意之事的时候,更多的人想的是如何改造环境。其实,将责任一股脑儿推给社会,总是苛求客观因素的不尽如人意,而自己像完全没事儿人似的,主观上不作为,终会发现自己一事无成。

试想,如果你大学毕业后被分在基层工作,一边为周围的环境愤愤不平,一边敷衍工作,那么你有什么机会看到自己的缺点与不足、得到被升职的机会呢?老板会认为这么简单的事情你都做不好,根本不会有责任和能力去做更高级的工作。这实在是劳心劳神而又徒劳无益的事情。

有这样一个小故事。

在很久以前,人们都不穿鞋,都是赤着脚走路的。

有一位国君到某个偏僻的乡间旅行,因为路面崎岖不平,有很多碎石

72

头,刺得他的脚又痛又麻。国君回到王宫后,随即下了一道命令,要将国内的所有道路都铺上一层牛皮。他认为这是一件利国利民的好事,不只是为了自己,还可造福他的子民,这样人们走路时就不会再受刺痛之苦了。

可是国土辽阔,就算是杀光全国的牛,也筹措不到足够的皮革,而所花费的金钱、动用的人力更是不计其数。人们尽管知道这件事情不但难以做到,而且还相当愚蠢,可谁也不敢违抗国君的命令,只能摇头叹息。

后来,有一位聪明的仆人想出了一个办法,他大胆地向国君提出谏言:"国君,为什么您要劳师动众,牺牲那么多头牛、花费那么多金钱呢?您何不用两小片牛皮包住您的脚呀?这样不是也可以保护好脚部吗?"

国君听了,当下领悟,于是立刻收回成命,采纳了这个建议,这就是"皮鞋"的由来。

生活如海上行舟,并不是一帆风顺的,每个人都会遇到这样或那样的困境。此时,最明智的做法就是承认环境的存在,并对它作出积极乐观的反应,让环境因你而改变。只要你做到了,你的人生就会是另一番景象。

黄博在一家贸易公司上班,他很不满意自己的工作,便忿忿地对朋友说:"我每天累死累活地工作,但上司一点儿也不把我放在眼里,我到公司都一年了,他不提拔我不说,连工资都不给我涨,哪天我要对他拍桌子,然后辞职不干。"

黄博的这位朋友是一个事业比较成功的人,他沉默了一会儿,对黄博说:"要我说啊,你应该把商业文书和公司组织完全搞通,甚至连怎么修理影印机的小故障都学会,然后再辞职不干。"

见黄博不解地望着自己,朋友解释道:"你们公司怎么着也算一个大公司,你豁达乐观一点儿,把公司当做免费学习的地方,什么东西都学通了之后再一走了之,不是既出了气,又有许多收获吗?这样才值!"

黄博听从了朋友的建议,从此便默记偷学,甚至下班之后还留在办公室研究写商业文书的方法。半年后,他找到朋友,欣喜地说:"这半年来,老板对我刮目相看,最近更是不断给我加薪,并对我委以重任,我已经成为公司的红人了!"

"这是我早就料到的!"他的朋友笑着说,"当初你的老板不重视你,是因为你的能力不足,却又不努力工作,没有业绩;而后你为公司创造效益了,经理当然就对你刮目相看了。"

处于什么样的环境并不重要,重要的是你的选择:是选择软弱地屈服于环境,将改变境遇的希望寄托在改换环境方面,还是豁达乐观地面对不如意,用毅力去改变自己,使自己适应环境,就看你如何把握了。

那些从容淡定的人,无论自己周围的环境有多么的不尽如人意,人生之路充满了多少未知未卜的因素,他们都会首先改变自己,用自身的行动去努力地适应环境,在前进的道路上不畏艰险,最终做出成绩来。

让我们永远记住在威斯敏特教堂地下室的英国圣公会主教的墓碑上写着的这样一段话:

当我年轻自由的时候,我的想象力没有任何局限,我梦想改变这个世界。

当我渐渐成熟明智的时候,我发现这个世界是不可能改变的,于是我将眼光放得短浅了一些,那就只改变我的国家吧。

但是我的国家似乎也是我无法改变的。

当我到了迟暮之年,抱着最后一丝努力的希望,我决定只改变我的家庭、我亲近的人,但是,唉!他们根本不接受改变。

现在,在我临终之际,我才突然意识到:如果起初我想着改变自己,那么接着我就可以依次改变我的家人。然后,在他们的激发和鼓励下,我也许就能改变我的国家。再接下来,谁又知道呢?也许我连整个世界都可以改变。

不完美，就是最好的完美

追求完美本身无可厚非，这是一种浪漫的憧憬与希望。但是凡事都要适度，我们应该认识到，人人都会有不足，生活中总会有缺憾，如能以豁达乐观的心态来面对，也不失为人生的另一种完美。

俄国哲学家车尔尼雪夫斯基说："既然太阳也有黑点，人世间的事情就更不可能没有缺陷。"季羡林先生也说："人生在世，每个人都想争取一个完满的人生。然而，从古至今，100%完满的人生是根本不存在的。"

人生不如意之事十有八九，事事都有缺憾，人人都有缺点。在生活中，如果我们一味地苛求完美，只会让自己产生浮躁心理，最终不仅达不到完美，还会让自己体味到更多的失望与痛苦。

在一座山上的寺庙里住着几个和尚。有一天，老住持觉得自己时日不多了，便想从弟子中找一个接班人来接替自己，但是，他的弟子个个都很优秀，他也不知道如何选择，怎么办呢？

经过几日思考，老住持想出了一个好办法，他把所有的弟子都叫过来，吩咐他们去寺院后面的树林里各自找一片最完美的树叶回来。所有的弟子都不知其理，但是都仍然照老住持的吩咐去做了。

弟子们来到树林，他们心想，这么多的树叶到底哪片才是完美的呢？大家都冥思苦想，谁也不知道什么样的树叶是完美的，但住持交代的事情也不能应付，更不能不做，于是他们便在树林里仔细且辛苦地找起来。

这时候，有一个和尚心想：这里的树叶这么多，每一片树叶又各自不同，哪有最完美的树叶?于是,他便在树林里随便拣了一片完整无损并且很干净的树叶早早地回到寺院里。

天黑了,众人都累得气喘吁吁也没能找到那片"最完美的树叶",最终都空手而归,唯有这个和尚很平静地把一片树叶交给住持。

住持问道:"你拣回的这片树叶是最完美的吗?"

这个和尚答道:"我不知道您说的最完美的树叶是什么样的,但我认为我拣回的树叶是最完美的。"

老住持听后又问那些空手而归的和尚:"你们都没有找到最完美的叶子吗?"

这些弟子回答:"我们尽心尽力地在树林里找了,但是根本没有找到最完美的。"

老住持说:"世界上哪有完美的叶子,看来你们还是没有真正领悟到人间的真谛啊。"

最终,老住持宣布那个拣回树叶的弟子将成为自己的接班人。

众多和尚之所以没有找到"最完美的树叶",其根源就在于他们没有弄明白世间根本不存在最完美的东西的道理。他们一味地追求完美,寻寻觅觅找不到一片完美的叶子,更别提享受从容淡定之美了。

不可否认,追求完美本身并无可厚非,这是一种浪漫的憧憬与希望。但是凡事都要适度,如果把浪漫凌驾于现实之上,因为欠缺那么一点点而耿耿于怀或顽固到底,就大可不必了。要知道,为了从99.9%跨越到理想中的100%,你会为最终的那0.1%付出多出正常标准许多倍的时间、精力等资源。

我们来看一个小故事。

一个贫穷的渔夫从大海里捞到了一颗非常漂亮的珍珠,他高兴极了。但令渔夫感到遗憾的是,珍珠上面有一个小黑点。渔夫心想,如果能把这个小黑点去掉的话,这颗珍珠就完美了,就将成为无价之宝。于是,他把珍珠去掉了一层,但是黑点仍在。再剥掉一层,黑点依然在。最后,黑点没有了,但珍珠也不复存在了。

哲人说："不求尽如人意，但求无愧我心。"在这个世界上，十全十美的东西是不存在的，追求完美只是一种憧憬、一个向往，只是生活的一个过程和体验而已，只要做到问心无愧就是一种完美了。

我们还应该认识到，无论是一个人还是一个事物，若真的达到"完美无憾"了，从某种意义上说，也就是极其可怜的了，因为他再也无法体会到有所追求、有所希望的感受了，也永远无法体会到接收别人带给他一直梦寐以求的东西时的喜悦。

实际上，对于生活中的遗憾和缺陷，如能以豁达乐观的心态来面对，也不失为人生的另一种完美。就像断臂的维纳斯至今流芳万代，正是"缺憾"成就了它的经典；月亮有圆有缺，但也正因为此，它才留住了美丽。

不完美并不可怕，有时候不完美是最好的完美。更有一句话说：这个世界上所有的缺陷与遗憾都是被上帝咬过一口的苹果。这样的比喻是何等的新奇而幽默，又是怎样的从容淡定、豁达乐观，它来自于这样一位盲人的故事。

一个双目失明的人，从小为自己的这一缺陷而自卑不堪。夜深人静的时候，他常常悲观地认为自己这双"瞎了的"眼睛从一开始就是不完美的，且再也没有能力扭转。于是，他放弃了任何追求，浑浑噩噩地虚度人生。

可是，他的这一思想并没有一直持续下去，一次偶然的机会，他竟然得到了彻底的改变。

原来，这位盲人遇到了一位智者。智者对他说了这样一番话："世上每一个人都是被上帝咬过一口的苹果，我们都是有缺陷的人，有的人缺陷比较大，是因为上帝特别喜欢他的芬芳，多咬了一些。"

听了智者的话，盲人犹如醍醐灌顶。原来每个人都有不足，不光只是自己有缺陷啊，他的心情顿觉开朗起来。从此，他不再自卑于失明，而是将这看做上帝对自己的特别厚爱。他开始振作了起来，接受命运的挑战。

后来，经过一番辛苦的努力，他成了远近闻名的优秀按摩师，为许多人解除了病痛的折磨。

人人都会有不足,生活中总会有缺憾。当你还执著于完美的追求而不肯放弃时,不妨想想"每个人都是被上帝咬了一口的苹果"这句话,也许由于上帝的特别喜爱,你的人生才被狠狠地"咬了一大口"。

命运之神赐给我们欢乐和机遇的同时,也给了我们缺憾与苦难。只有不完美的人生才是真正的人生。人类历史上有太多的天才俊杰都"被上帝咬过一口":失明的文学家弥尔顿、失聪的大音乐家贝多芬、不会说话的天才小提琴演奏家帕格尼尼……

不必对一切求全责备,当你从容淡定、豁达乐观地面对人生,把不完美当做上苍给你的礼物,你就会快乐、就会幸福,很多事情就简单了,生活也就变得明朗起来,也就更容易打造出一个辉煌的人生。

凡事多往好处想,
心中便是一片朗朗晴空

凡事皆有好与坏的两面性,总往坏处想,只会处处碰壁;而多往好处想,心胸将变得豁达、宽大,心中便是一片朗朗晴空,也就能时常发现生活中的美好,让自己的日子过得悠然自得。

日本第二大电信服务公司 KDDI 的创始人、被誉为日本"经营之圣"的稻盛和夫说过这样一句话:"人生的道路都是由心来描绘的。所以,无论自己处于多么严酷的境遇之中,心头都不应为悲观的思想所萦绕。"

这里说的是一种豁达乐观的人生态度,亦可以理解为凡事多往好处想的思维方式。凡事皆有好与坏的两面性,目力所及之下并非就是全部。如果只盯着事情不好的一面，你就会陷入生活的泥淖之中而苦不堪言。

在现实生活中，我们应凡事多往好处想。凡事多往好处想，心情自然会豁然开朗，心胸也将变得豁达、宽大，心中便是一片朗朗晴空，也就能时常发现生活中的美好，让自己的日子过得悠然自得。

寓言故事《哭婆婆、笑婆婆》就是最好的证明。

一个老太太不管是晴天还是雨天她都整天坐在路口哭，因为她的大女儿是卖伞的，二女儿是卖布鞋的。下雨时她哭是因为今天二女儿没生意，晴天时她哭是替卖伞的大女儿难过，所以人称她为"哭婆婆"。

一天，一位禅师遇到了哭婆婆，一语把她从迷雾中拉了回来。禅师说："老人家大可不必天天忧心，下雨的时候，你要想卖伞的女儿生意好，天晴的时候，你要想卖鞋的女儿生意好，这样你就自然不会哭了。"

听了禅师的一番话，老太太顿悟，从此街头便有了一个总是乐呵呵的"笑婆婆"。

哭婆婆变成了一个笑婆婆，这里的关键就在于看待事情的角度发生了改变。凡事总往坏处想，只会处处碰壁；而凡事多往好处想，就会海阔天空。既然这样，我们为什么不凡事多往好处想呢？

库莎是一个快乐的百岁老人，她每一天都生活在快乐之中。在她的世界里，似乎从来没有发生过不快乐的事情。当然，这份快乐使她成为朋友圈中最受欢迎的女人，尽管她不够美丽，而且早已满头白发、皱纹横生。

有个生活苦闷的年轻人慕名来拜访库莎："我一直感觉不到快乐，也没有什么朋友。我看到您每天都很快乐，您身边有很多朋友，您真是一个活得精彩的女人，您的生活中一定事事都如意吧？"

库莎笑了笑，轻轻地说："人的一生不可能事事如意，已经发生的事实不可改变，你唯一能控制的就是你的想法。我可以肯定地告诉你，所有的事情都有值得快乐的一面，这正是我快乐的秘诀。"

年轻人很诧异，问道："假如您一个朋友也没有了，您会感到快乐吗？"

"当然，我会高兴地想，幸亏我没有的是朋友，而不是我自己。"

"当您走路时突然掉进一个泥坑,弄了一身泥泞,您还会快乐吗?"

"是的,我会高兴地想幸亏掉进的是一个泥坑,而不是无底洞。"

"如果您遭遇了车祸,撞折了一条腿呢?"

"大难不死必有后福,有什么不快乐的呢?"

"假如您马上就要失去生命,您还会快乐吗?"

"当然,我会想,自己高高兴兴地走完了人生之路,说不定要去参加另一个宴会呢。"

年轻人不再问了,他沉默了好一会儿才说道:"这么说,生活中没有什么是可以打破您平静的心态的,对您来说,生活永远是快乐组成的一连串乐符?"

库莎说道:"是的,只要我愿意,我就是快乐的。"

由此可见,世间很多事情都是有利有弊的,但是事情本身并无所谓好坏,全在于你怎么看。只要换个角度,豁达乐观一点儿,凡事多往好处想,你会发现事情并没有想象的那么糟糕,那么,再不幸的生活也可以是一片艳阳天。比如,年过半百的你坐公交车的时候没有人给让座,你可以感到生气、失望,但也可以这样想:"我还没有老,我还年轻。假如我老态龙钟的话,别人早就给我让座了。"于是,你心里感觉乐滋滋的,仿佛又年轻了许多。

又比如,你为孝敬公婆付出了许多,跟着丈夫这些年没享过福,那你不妨想想自己是否得到了丈夫更多的体贴和爱护? 一旦自己的父母有什么事情,丈夫是不是也肯定会竭尽全力地照顾?如果是,这样一想,你是不是觉得生活变得很好了呢?

与其愁苦自怨,倒不如换个角度,凡事多往好处想,心情自然也就会跟着转变,还可以将不幸造成的损失或带来的不良后果降到最低,甚至有可能影响事物发展的方向,改变自己的不利处境。

值得一提的是,这里所说的凡事多往好处想,并不是提倡盲目乐观,而是一种豁达乐观的人生态度。抱有这样心态的人往往都能把握住命运的主动权,坚信自己的力量,坚信阳光总在风雨后,坚信明天会更好。

生活是不公平的，你要去适应它

生活中难免会遇到这样或那样的不如意之事，不要埋怨生活的不公，要考虑如何更好地去适应生活的不公。唯有适应，你才能理性地对待自己的生活，才会有机会去改变这种不公平，从而创造公平。

生活中，有些人常常这样抱怨：为什么我出生在偏远地区，而不是城市里的知识分子？为什么我大学毕业的时候偏偏赶上国家不再分配工作？为什么我拼命工作，而老板却把晋升的职位给了另外一个同事？为什么我成家立业的时候房价较几年前翻了数倍？……

生活中不公平的事情实在是太多了，很多人为此愤愤不平，厌恶、憎恨、抱怨甚至咒骂生活给予自己的都是苦不堪言，给予别人的都是妙不可言。这或许能解一时之气，但整天生活在忧郁和愤恨之中，甚至以泪洗面，也就等于被生活击垮了。

无可否认，生活确实存在着偏心，有它不公平的一面，绝对的公平是根本不存在的。但是，生活又像一面镜子，你对它哭，它也对你哭；你对它笑，它也对你笑。同样，你抱怨它，它也会抱怨你。

既然这样，面对生活中不公平的人和事，你要能做到平心静气，不被它们所牵绊，冷静地思考如何更好地去适应生活的不公，从而创造公平。正如比尔·盖茨所说："生活是不公平的，你要去适应它。"

高中时期是人生的一大转折点，但就在这个关键时期，她居然病倒了，而且一躺就是半年，与梦寐以求的大学失之交臂。病好之后，她为了把病中耗费的4年"挣"回来,也为了给并不富裕的家庭省点儿钱,她选择了参加高等教育自学考试。

拿到自考专科毕业证书后,她进入IBM公司,做起了行政专员,这种工作与每天打杂无异,什么都干。她不但要负责打扫办公室卫生,而且还要负责给人端茶倒水,几乎没有人注意她、在意她。

一次,因为没有带工作证,公司的保安把她挡在了门外,不让她进去,而其他没有佩戴工作证的人却可以自如地进出。她质问保安:"别人也没有带工作证,你为什么让他们进去?"得到的回答却是:"他们都是公司白领,你和他们不一样!"

她感觉自己的自尊心被人当众踩在脚下。她看着自己寒酸的衣着、老土的打扮,再看看那些衣着整洁、气质不凡的白领们,她在心里发誓:"命运为什么这么不公平?难道我真的只能做端茶倒水的工作吗?不行,我要努力缩小与这些人的差距,今天我以IBM为荣,明天要让IBM以我为荣!"

此后,她利用所有的闲暇时间来充实自己。由于什么都要从头学起,她每天都是第一个来公司,最后一个离开,还常常熬夜到两三点,有几次居然晕倒在办公室。经过不懈的努力,她很快成为了一名业务代表。尔后,通过几年的认真学习和实践锻炼,她的工作能力越来越突出,被任命为IBM公司的中国区总经理,她就是被人誉为"打工皇后"的吴士宏。

通过吴士宏的事例,我们可以明白这样一个道理:如果想改变生活的不公,得到自己理想中的公平,唯一的方法就是像比尔·盖茨所说的那样"去适应它"。用从容淡然的心态去看待生活中的不公平,不被它们所牵绊,并用自己的能力去改造环境,不公平自然会慢慢转变成公平。在这方面,当代最伟大的科学家斯蒂芬·威廉·霍金更是一个经典的楷模。

"我的手指还能活动,我的大脑还能思考,我有终生追求的理想,我有爱我和我爱着的亲人和朋友,我还有一颗感恩的心……"这段豁达而乐观的文字,正是出自霍金——一位在轮椅上生活了几十年的残疾人之手。

然而,霍金并不是一生下来就坐轮椅的。青年时代,霍金是牛津大学公认的最有前途的明星学生，获得过一等荣誉学位，但是在他大三那年，却发现自己身上突然出现了一种奇怪的症状：手脚逐渐变得不利索，甚至有时候还会无缘无故地跌倒。

专家在为霍金做了各种医学测试之后，判定这是一种罕见的肌肉萎缩性侧索硬化症，即运动神经病，而且会继续恶化。但是对于治疗这种病症，专家也无能为力，这就意味着霍金要带着他虚弱无力的身体在轮椅上度过余生。

祸不单行，1985年，也就是全身瘫痪数十年后，霍金再一次遭受灾难的打击。他感染了肺炎，医生不得不为他进行气管切开手术，也就是在脖子及气管上直接切口形成通气孔。这样一来，他永远失去了说话的能力。

尽管生活对霍金如此不公平，夺走了他健康灵活的双腿，夺走了他与人正常交流的说话能力，留给了他无尽的病痛，但是，霍金没有抱怨生活的不公，他说："生活是不公平的，不管你的境遇如何，你只能全力以赴！"

霍金积极乐观地适应生活，不断地改造自我和不懈努力，如今他已经成为世界上最著名的物理学家，拥有3个孩子、1个孙子、12个荣誉学位，是英国皇家协会的特别会员，还获得了很多奖项和勋章。

命运对霍金非常不公平，在常人看来简直是苛刻得不能再苛刻了：他的腿不能站立，身体不能动，口也不能说，可他并没有抱怨生活的不公，而是积极乐观地适应生活，因此，他的生活是充实而快乐的，他的人生是成功而精彩的。

事实上，老天是最公平的，它把一切免费地馈赠给了每一个人，给予每个人的机会都是均等的。人生短暂，谁都逃脱不了生老病死，就连天天被群臣称颂万万岁的皇帝们都不能活过百岁。那些皇帝们品茗赏月时，哪曾想过乞丐也在无忧地观望着同一轮月亮。

不仅如此，每个人的生活都不是一个固定的模式，生活中难免都会遇到这样或那样的不如意。别看有的人仕途得意、前呼后拥，其实他们周围到处布满了虚伪的陷阱，他们的一言一行都如履薄冰，几乎失去了人生的自由；别看有的人世袭富贵、一帆风顺，生活中没有经历坎坷，但他们脆弱极了，就像一个美丽的花瓶,一受撞击便粉身碎骨。

因此,我们得出这样一个结论:生活是公平的,不平的是人的心态。不要再一味地埋怨生活的不公平了。豁达乐观一点儿,认真思考如何更好地去适应生活的不公,慢慢地将不公平变为公平吧。

掉进深井中,低下头来就能看见美丽

人生不会风平浪静,生活不会一帆风顺,当你处于绝望或困境之中时,应该从容淡定一点儿,换个角度,学会低下头看一看,用全新的视线捕捉生活中的点滴,或许在不经意间就能发现别样的美丽。

每个人的生活中时刻都会有坎坷,在生活的道路上,人人都有可能跌进生活的低谷或掉进深井中,此时,你会怎么办呢?

我国台湾著名绘画家几米在其作品《希望井》中有这样一段话:"掉落深井,我开始大声地疾呼,等待救援……天黑了,我黯然低头,才猛然发现水面满是闪烁的星光。我在最深的绝望里遇见了最美丽的惊喜。"

几米用诗意盎然的语言写出了耐人寻味的哲理,给我们以启迪,即人生不会风平浪静,生活不会一帆风顺,当你处于绝望或困境之中时,应该从容淡定一点儿,学会低下头看一看,或许在不经意间就能发现别样的美丽。

这里有一个小故事。

一天,一头可怜的驴子一不小心掉进一口枯井里。井虽不怎么深,但空间对于它来说实在是太小了,小得连它的身体动弹都困难。求生的欲望使它拼命挣扎,但都无济于事,它在井里凄惨地叫了好几个钟头。

农夫在井口急得团团转，绞尽脑汁想救出驴，先是用绳子拉，然后是用木棍抬，但折腾了大半天都无济于事。最后，农夫决定放弃，他想这头驴子年纪大了，不值得大费周折去把它救出来，不过无论如何，这口井还是得填起来。

农夫把所有的邻居都请来帮他填井。大家抓起铁锹，开始往井里填土……

驴子很快就意识到发生了什么事，起初，它只是在井里恐慌、痛苦地哀嚎着。但过了一会儿，令大家都很不解的是，它居然安静了下来。几锹土过后，农夫终于忍不住朝井里看，眼前的情景让他惊呆了。

原来，上面的泥雨如注，驴子下意识地抖动了身体，它低头一看，蓦然间看到了生还的希望。泥土不停地朝它身上倾泻，它则不停地抖动身体，让那原本要淹没自己的泥土落到脚下，成为不断垫高身体的地基。

农夫高兴极了，加快了往井里填土的速度。就这样，没过多久，驴子竟把自己升到了井口。它纵身跳了出来，从原本绝命的枯井里得以生还，然后在众人惊讶不已的表情中得意地跑开了。

在人生的旅途中，我们难免会陷入"枯井"，各式各样的困境就像是不停掉落的土，叫人无法躲闪，有时候一连串地压在我们身上，无声无息地将我们揽入，而我们能否挺过那片黑暗，能否活着等来救援？

这时候，如果我们惊慌或者放弃，恐怕就只能陷在井中，无法脱困；假使我们能够豁达乐观地面对，换个角度，学会低下头看一看，就有可能将这些泥沙转变成帮助自己脱困的垫脚石，相信一份美丽的惊喜将会照亮我们的心，照亮我们前进的路，一切难题也都能够迎刃而解。

比如，事业陷入低潮时，没有了平时的豪迈，没有了一呼百应的威风。何必无措？低下头，你可以看见亲情的温暖。当这份温暖支持你走出困境时，低下头，你又将会看见自己收获了乐观的性格和坚韧的品质。

一个男人在建筑工地上做苦工，一年只能回两三次家，尝尽了苦头。夏天暴晒在烈日下，汗流浃背，冬天在大雪纷飞中忍受严寒。但是，为了生活、为了家人，他不得不继续忍受下去。

有一天，男人由于工作上发生了失误被老板辞退了。想到孩子老婆不能跟着自己吃苦，他心一横，决定跟着一个"朋友"去做赚钱很快的"大事业"。所谓的"大事业"，就是坑蒙拐骗之类的行径。

在这之前，男人决定先回家看一看，他已经三四个月没有回家了。傍晚的时候，男人才回到家中，他看到妻子像往常一样在厨房中忙乎着为家人做饭、烧水的场景，几个孩子在屋中快乐地嬉戏，一见到他回家，便都兴奋地扑了上去。

这时候，男人用一种充满爱意的感动拍拍女儿的脸蛋、摸摸儿子的头，然后走进厨房，和妻子一起准备晚饭，他发觉自己简陋的小屋中充满了别样的温馨，内心洋溢着幸福的味道，原来一家人在一起才是真正的快乐。

第二天，男人又离开家了，他对自己说："我不能失去这样美好的家庭，我要找一份正经的工作，然后踏踏实实地工作……"

生活中处处都充满了美，只要你偶然间低下头去，就能发现别样的美丽，进而减轻内心的种种沉重。所以，当生活中遇到失意、工作中遇到困惑时，何不换个角度，低下头看看身边的美丽呢？

低下头来，你会看到叶的身影、花的踪迹；你会为一朵花儿盛开而惊喜，也会为一片花瓣的凋零而惋惜；你会为小的成绩而自豪，你会为吃到一顿好吃的饭菜而幸福地笑……你会发现身边平凡而不经意的美丽。

当生活不如意的时候，请你记住，掉落深井中，低下头来就能看见美丽的星光。在困境面前，换个角度，用全新的视线捕捉生活中的美丽，也将会有一份美丽的星光照亮你的内心，照亮你前行的道路。

用微笑将痛苦埋葬，才能看到希望的阳光

用微笑将痛苦埋葬，这种一笑而过的气魄和勇气，是一种难得的镇静与豁达。微笑，可以让我们心中不再会有恐惧，其性也平，其情也安，最终心平气和、从容淡定地去面对一切的不如意。

人生不如意之事十有八九，每个人都有痛苦的时候，此时你都在想什么呢？整天愁着一张脸，甚至天天悲痛万分、以泪洗面？可你这样有什么用呢？不仅浪费时间和精力，而且老天爷又不会听你的，于事无补。

你一定会问，那又能怎样呢？其实，微笑，只要用微笑就能把痛苦埋葬，就能看到希望的阳光。这是一笑而过的气魄和勇气，是一种难得的镇静与豁达，可以让你心平气和、从容淡定地去面对一切的不如意。

有一篇散文，它讲了一个《用微笑把痛苦埋葬》的故事。

"二战"期间，在庆祝盟军于北非获胜的那一天，一位家住美国俄勒冈州波特南，名叫伊丽莎白·康黎的女士，收到了国防部的一份电报：她的儿子在战场上牺牲了。这是她唯一的儿子，也是她唯一的亲人，那是她生命的全部！

伊丽莎白·康黎无法接受这个突如其来的严酷事实，她的精神到了崩溃的边缘。她心灰意冷、痛不欲生，觉得人生再也没有什么意义，于是她决定放弃工作，远离家乡，然后找一个无人的地方默默地了此余生。

在清理行装的时候，伊丽莎白·康黎忽然发现了一封几年前的信，那是她儿子在到达前线后写给她的。信上写道："请妈妈放心，我永远不会忘记您对我的教导，无论在哪里，也无论遇到什么样的灾难，我都会勇敢地面对生

活,像真正的男子汉那样,能够用微笑承受一切不幸和痛苦。我永远以您为榜样,永远记着您的微笑。"

顿时,伊丽莎白·康黎热泪盈眶,她把这封信读了一遍又一遍,似乎看到儿子就在自己的身边,用那双炽热的眼睛望着她,关切地问:"亲爱的妈妈,您为什么不按照您教导我的那样去做呢?"

"告别痛苦的手只能由自己来挥动,我应该像儿子所说的那样,用微笑埋葬痛苦,继续顽强地生活下去。我没有起死回生的魔力改变现实,但我有能力继续生活下去。"伊丽莎白·康黎一再对自己这样说,并打消了背井离乡的念头。

后来,伊丽莎白·康黎就打起精神,开始写作,最终成为一个颇有影响的作家,其中《用微笑把痛苦埋葬》一书颇有影响。书中有这样几句话:"人,不能陷在痛苦的泥潭里不能自拔。遇到不可能改变的现实,不管让人多么痛苦不堪,我们都要勇敢地面对,用微笑把痛苦埋葬,才能看到希望的阳光。有时候,生比死需要更大的勇气与魄力。"

"用微笑将痛苦埋葬,才能看到希望的阳光。"伊丽莎白·康黎说得多好啊!这需要多大的勇气和魄力才能将残酷的现实掩埋,伊丽莎白·康黎做到了!她的坚强与勇敢、她的淡定与从容、她的豁达和乐观深深打动了每一个人。

英国著名女作家奥斯汀曾说过:"微笑是生命的常态。"生命的意义与目的也在于无限地追求快乐和避免痛苦。微笑是一种心态,心态得益于修养;微笑是一种境界,境界依靠的是磨炼。

寒梅无法选择季节,但却傲视冰霜;秋菊无法选择时令,却代秋天发言;人无法选择无痛的命运,那就学会微笑吧。用微笑将残酷的世界埋葬,把一切的痛苦都埋葬起来,心中便不再会有恐惧,其性也平,其情也安。

也就是说,如果你对生活微笑,那么快乐也便成为你生活中永恒的格调,你的生命便会充满幸福,你也便会感到生活的无限美好。给生命一个微笑,你便拥有了人生中无可比拟的美丽和洒脱。

在美国一座山丘上有一间特殊的房子，这座房子是完全用自然物质搭建而成的，里面不含任何的有毒物质，里面的空气都是人工灌注的氧气，贝蒂生活在其中，只能靠传真与外界进行联络。为何贝蒂会这样生活呢？

20年前的一天，贝蒂拿起家中的杀虫剂准备灭蚜虫的时候，不曾料到杀虫剂内的化学物质破坏了她全身的免疫系统，从此，她对一切有气味的东西，比如香水、洗发水等过敏，连空气也可能会导致她患上支气管炎。

贝蒂原以为那只是暂时的症状，但是这是一种慢性病，目前，国际上是无药可医的。在患病的前几年中，贝蒂睡觉时时常流口水，尿液也渐渐地变成了绿色，身上的汗水与其他排泄物还会不断地刺激她的背部，最终形成疤痕。

为了让心爱的妻子继续生存下去，贝蒂的丈夫以钢与玻璃为材料，为她盖了一个无毒的空间，一个足以逃避所有外界有味物质威胁的"世外桃源"。贝蒂日常所有吃的、喝的都要经过仔细的选择与处理，不能含有任何的化学成分。

8年来，贝蒂再没有见过一棵花草，再没听到过悠扬的声音，更看不到阳光、流水，她只能躲在无任何饰物的小屋里饱受孤独之苦，她还不能放声地大哭，因为她的眼泪也与她的汗水一样，随时都有可能成为威胁她的毒素。

"不能痛哭，那就选择微笑吧！事已至此，自暴自弃和痛苦只能毁灭自己，不如勇敢地正视它。"坚强的贝蒂这样对自己说。因此，在这个寂静的无毒世界里，贝蒂不仅要与外界的一切有气味的物质相抗争，还要与自己的精神抗争。

10年后，贝蒂在孤独中创立了主要致力于化学物质过敏症病变研究的"环境接触研究网"，随后，她又与另一个组织合作，另创"化学伤害资讯网"，主要是倡导人们避免化学物品的威胁，并得到了美国国会、欧盟及联合国的大力支持。

不能流泪就选择微笑，这看似是贝蒂无奈的表白，实则是她在历经磨难后的豁达和乐观。

贝蒂用其自身的经历让我们再次领悟了人生的真谛：一个人遭受不幸

在所难免,回避就是逃避,只有接受不幸才能走出不幸,而用微笑来迎接苦难的挑战、埋葬痛苦的折磨,自然就会迎来人生的另一方天地。

痛苦是我们人生路途中不能逃脱的部分,就像天总会要下雨一样。然而,比起伊丽莎白·康黎和贝蒂来,我们所遇到的难道不算是小痛吗?看到她们都能用充满阳光的微笑去面对,我们还能说什么呢?

生活中不如意的事情很多,有些命运中注定的事情是我们无法掌控的。如果我们一直背负着这些枷锁,只能让自己生活在痛苦之中。只有学着微笑面对,保持豁达、乐观的心态,我们才能远离痛苦,还自己一份快乐。

所以,当你觉得痛苦时,你不妨对自己说:"告别痛苦的手只能由自己来挥动。我应该用微笑埋葬痛苦,继续顽强地生活下去,我没有起死回生的能力来改变它,但我有能力继续生活下去。"

凡事靠自己,别人是替代不了你的

求诸于人,一味地寄希望于他人的关爱、提携和赐予,永远也无法顺利地解决问题,也只能受制于人,这无异于"不战而亡"。我们自己身上有许多可开发的潜力,为什么不去自己主宰命运,却要乞求别人的怜悯和帮助呢?

在现实生活中,每个人都难免会遇到各种各样的困难。很多人遇到困难的时候,往往想到的是求助于父母、朋友、同事……他们觉得,别人比自己有能力、比自己经验多,一出手就能够顺利帮自己解决问题、战胜困难。

其实,这种想法是错误的。对别人有所求,一旦得不到帮助,内心必然会灰心失望、心存抱怨、万分沮丧,永远也无法顺利地解决问题,也只能受制于人，这无异于"不战而亡"，自然是一种最不可被原谅的错误。

因而，正是在这个意义上，与其总想靠别人给予施舍，与其低三下四地求人帮忙，不如自己发愤图强，因为只有自己才真正靠得住。

有一位年轻人在寺庙的屋檐下面避雨，看到一位禅师撑着雨伞从自己的面前走过，便喊道："禅师，你们不是经常说要普度众生吗？你度我一程如何呢？"

禅师停了下来，淡然地问道："我走在雨里，你却躲在屋檐下面，而檐下又无雨，你何必需要我去度你呢？"

年轻人听到禅师如此说，便立刻走出屋檐，站在大雨中说："我现在已经在雨中了，你应该可以度我了吧？"

禅师说道："我也在雨中，你也在雨中，我没有淋雨是因为我带了伞，而你淋雨是因为你没有带伞。确切地说，不是我度你，而是伞在度我。如果你要度，不必找我，请你自己找伞吧！"

那个年轻人在雨中被淋得浑身难受，便不高兴地说道："嘿，你不愿意度我就早说呀！何必要绕这么大的圈子呢？现在我才知道了，你们讲求的不是'普度众生'，而是'专度自己'啊。"

听到此话，禅师不但没有生气，反而心平气和地对年轻人说："想要不淋雨，你就必须自己带伞。雨天不带雨伞，一心只想着别人一定会带，总想能得到别人的帮助，自己又不肯努力，这种想法是害人的，到头来必定什么也得不到。"

第二天，年轻人又遇到了难事，便去寺庙里求拜观音菩萨。走进庙里，他居然发现禅师也在拜，不过他拜的不是观音菩萨，不是如来佛，而是自己。年轻人不解地问："大师，你为何不拜其他人，而是拜自己呢？"

禅师轻轻一笑："我也遇到了难事，但我知道，求人不如求己。"

年轻人听罢恍然大悟……

我们每个人身上都有许多可开发的潜力，只不过有的人还没有找到，平时也不去寻找，只想依靠别人，不肯利用自己潜在的资源，仅将眼光盯在别人身上,乞求别人的怜悯和帮助,这样怎么能够解决问题、获得成功呢?

所谓"各人吃饭各人饱,各人生死各人了",任何人只是我们生命中短短的一座桥,甚至一个过客,不是可以长久依靠的肩膀。凡事皆要靠自己,别人是替代不了的,唯有如此才可以改变自己的命运。

大多数的禅者都懂得"自修自悟,自食其力"的道理,有"放眼天下,舍我其谁"的气概。我们如能用禅心、禅眼,去想、去看这个世界,必然能够依靠自己的能量排除万难,创造生命的奇迹。

求己,是把解决问题的基点放在自己身上,是一种豁达乐观对待生活磨难的积极态度,更是对人生的一种鞭策、对自我能力的一种超越。遇到困难时,我们采取什么样的态度,也就决定了困难化解的程度。

梭罗曾说过:"要想有一面牢不可破的盾牌,就要站立在自我之中。"蒲松龄曰:"有志者,事竟成,破釜沉舟,百二秦关终属楚;苦心人,天不负,卧薪尝胆,三千越甲可吞吴。"这些便是求己的力量。

就要到春节了,电子制造商杨宁辛苦地赶出了一批电子表,交给了一个不是很熟悉的客户。然而,交货之后,杨宁苦苦等了整整两个星期,却始终等不到客户将货款电汇回来。情急之下,杨宁亲自搭乘夜班火车赶到了那个客户的公司,软硬兼施,终于在两个小时之后,让客户开出了那笔货款为 10 万元的现金支票。

杨宁拿着现金支票,火速赶到承兑银行,希望能够立刻换得现款。谁知,一盆冷水浇在了杨宁的头上。银行柜台小姐告诉他,这个账号的户头已经有很长一段时间没有往来资金,而且账号内的存款也不足,他的支票根本无法兑现。

听到这里,杨宁顿时恍然大悟:原来这是那个差劲的客户故意刁难他的小动作,客户从心底里就没准备把钱给自己。想到这里,杨宁勃然大怒,嘴里一遍遍抱怨着,沮丧地想求助于一些朋友,冲回客户的公司和他大吵一架,甚至大打一顿。

不过,杨宁做事一向小心谨慎,在离开之前,他询问柜台小姐,支票究竟差了多少钱。由于他的态度殷切诚恳，柜台小姐也热心地帮助他查询。得到的结果是，户头内只剩下9.9万元，与他的支票金额差了1000元钱。

想到既然客户不想把钱给自己，自己再怎么努力、再叫多少人帮忙也没有多大的用处，于是杨宁决定自己想办法，但是怎么办呢？他灵机一动，很快地从身上掏出1000元钞票，央求柜台小姐帮他存入那个客户的账号里，补足支票面额10万元，再将那张支票兑现。

就这样，杨宁顺利地领到了钱。

求己，也就意味着当你独自面对困难时，要放弃毫无意义的抱怨，能够静下心坐下来三思而行，能够提出科学的解决方法，而且你必将承受孤独、泪水，用坚强、拼搏的精神面对，这是对自身能力的一种发掘和超越。

正所谓"天生我材必有用"，人来到这个世界，都有各自的使命，唯有尽量发挥自己的优点，才能展现生命的妙用。"求人不如求己"，变被动为主动、寄希望于自我是最可靠、最有利的为人处世之道。

当你踏上人生征途时，路就已在你脚下延伸，只要你继续在一望无边的大海上扬帆，风便会从你的四面八方吹来……我们要学会一个人坚强地去面对人生中的暴风雨，自尊自信、自立自强。

第五章

从容淡定是一种潇洒，一种自信

　　面对人生中的各种复杂场面，从容之人自会深谋远虑、未雨绸缪。当风云四起、变幻莫测之时自会从容不迫，因为他们高瞻远瞩、未卜先知，不会被眼前的困境所蒙蔽，信心依旧、从容不迫。"运筹于帷幄之中，决胜于千里之外"，人生如此，该是何等的洒脱、何等的惬意。

你的人生字典里没有"不可能"这3个字

当一项新的任务和挑战摆在眼前的时候,你千万不能被眼前的困境所蒙蔽,把"不可能"当成"挡箭牌"。只要你高瞻远瞩,勇于删除人生字典里的那些所谓的"不可能",你就有机会获得更加从容淡定、潇洒自信的人生。

回顾一下,你是否常常听到类似这样的声音:

"我学历太低了,怎么能有高收入呢?"

"我的专业不对口,我做不了那份工作。"

"我长得不漂亮,怎么会有白马王子看上我呢?"

······

当一项新的任务和挑战摆在眼前的时候,不管是你自身,还是你身边的人都免不了会担忧和害怕,怀疑自己能否真的做好,"不可能"成了一些人为各种障碍所找到的"合理"解释。

但是,如果一个人潜意识中总是认为自己不行、自信心不足,就会被眼前的困境所蒙蔽,那么他的内心必然会被消极的暗示所占据。即便具备潜力,也会因为不自信而无法引爆潜能,结果可能就真的不行。

生活中有很多类似的情形:某人得知自己患了癌症,医生告知他可能还有几年的寿命,但他却在几个月之后就离世了。这是因为他在内心给了自己一种消极的暗示:我就要死了。于是,一切就真的发生了。

难道生活中的某些事真的如我们所认为的是"不可能"的吗?事实上,凡此上述种种,无不是自己局限自己。海尔集团首席执行官张瑞敏说得好:"不是因为有些事情难以做到，我们才失去了斗志，而是因为我们失去了斗志，那些事情才难以做到。"

有一个关于沙丁鱼的故事。

一个人将鱼缸中间放了一块透明的玻璃，一边放上小鱼，另一边放上沙丁鱼。沙丁鱼看到小鱼，就冲过去想吃，可每次都撞到玻璃上，很多次都这样。过了一段时间后沙丁鱼觉得自己不可能吃到小鱼，再看见小鱼游也不冲过去吃了。又过了一段时间，那个人把中间那块玻璃拿出去，小鱼和沙丁鱼完全混在一起，他发现一个特别奇怪的现象，有好多小鱼就在沙丁鱼嘴边游，可沙丁鱼却没有任何要吃的动作。

19 世纪的思想家爱默生说："相信自己'能'，便攻无不克。"高瞻远瞩、潇洒自信一点儿，勇于删除你字典里的那些所谓的"不可能"，你就有机会突破自我，做成以往认为不可能做到的事，获得更加从容淡定的人生。

世界上本没有什么依仗魔力便获得成功的人，谁也不是天生就伟大杰出的。开始时，人们其实是在同一条起跑线上的，只是那些成功的人总是坚定自己必胜的信心，并主动展现自己的能力，最终取得辉煌的成就。

从 20 世纪初开始，无数人都渴望完成一个看似不可能完成的目标：在 4 分钟内跑完 1 英里。1945 年，瑞典人根德尔·哈格跑出 4 分 01 秒 04 的成绩，此后的 8 年里，没有人能够超越他创下的成绩，而且所有人都认为自己做不到。

在这沉寂的 8 年中，就读于牛津医学院的罗杰·巴尼斯特发誓自己要成为第一个突破 4 分钟极限的人。他是个相当自信的人，坚信自己能够做到，他利用自己的医学知识独自训练着，不停地提高跑步速度。

终于在 1954 年 5 月 6 日，罗杰·巴尼斯特打破了关于"极限"的这个概念。当他冲过终点线时，比赛现场的广播员激动地说道："新纪录诞生了，这是欧洲纪录，也是世界纪录，时间为 3 分 59 秒 04。"

田联主席拉米·迪亚克亲眼目睹了这一激动人心的时刻，他说道："用 3 分 59 秒 04 的成绩跑完 1 英里曾经被认为是不可能突破的障碍，但巴尼斯特让自己成为了人类突破自身极限的永恒象征。"

那天晚上,罗杰·巴尼斯特出现在伦敦电视台,接着他与两位队友一起来到夜总会,开香槟庆祝直到清晨5时。就在庆祝会开完的这天早上,他又回到了自己医学院的课堂里。对于自己的成就,罗杰·巴尼斯特淡然地说:"人类的精神就是永不服输的精神,我相信我能。"

因为不和自己说"不可能",罗杰·巴尼斯特多了一份"我能够成功"的自信,他不畏惧困难,艰苦训练,最终成功打破了世界纪录,赢得了众人的尊重和欣赏。人生如此,该是何等的洒脱、何等的惬意。

有自信的人总是能够坦然地面对社会,面对生活赋予他的一切,甜也好,苦也好;悲也好,喜也好;痛也好,乐也好,他们都有勇气去承受、承担,即使遇到失败或残缺的生活,也不会失去努力,对未来充满希望。

辛普生出身于旧金山的贫民区内,父母离异,家境贫寒。6岁时,他突然得了小儿软骨病,双腿必须用夹板夹牢。因为支付不起药费,用来支撑的夹板是他家人里做的。病痛加上长期的夹板作用,使辛普生的腿逐步萎缩,双脚向内翻,小腿很细。

一日,辛普生偶然结识了旧金山飞人棒球队的运动员威利·梅斯基,他萌生了当运动员的想法。但是,母亲却说这是不可能的。的确,辛普生双腿的肌肉萎缩,根本不是当运动员的料。

不过,辛普生并不这么认为,他开始努力。为了帮助家里挣钱,也为了锻炼腿部的肌肉,辛普生到街上去卖报、到池塘去打鱼、到火车站帮别人装卸行李,还在一家商店做过售货员。虽然生活艰辛忙碌,但一有时间他便到附近一所中学练习打橄榄球。

"是的,我能行!"辛普生时常这样告诉自己。随着腿部肌肉的恢复,辛普生练橄榄球的次数也越来越多,时间也越来越长了。他的技术越来越好,后来竟表现出不同的凡响,一时间成了全美国最杰出的棒球运动员之一。

一个人有多大的信心,就会有多大的施展才能的平台。辛普生虽然只是一个无名小卒,而且还有过小儿软骨病的病历,但与常人不同的是,他满怀信心、勇往直前、不断超越,最终成就了自己。

世界上没有一件事是"可能"的，也没有一件事是"不可能"的，事情一开始谁都不知道结果怎样，删除你字典里的那些所谓的"不可能"，只要行动起来，尽己所能地努力付出，或许迎接你的就是绚烂与辉煌。

战胜"心魔"，打破埃蒙斯魔咒

对成功不要过于苛求，将目光放长远一点儿，对自己充满信心，获得平静如水的从容淡定，如此心灵澄净之后，才会不再浮躁和浅薄，才会不被社会的急流所裹挟，谋定而动、清静而为，想必功到便自然有成。

2008 年 8 月 17 日，北京奥运会 50 米气枪三姿决赛。13 时 51 分，在众人瞩目而又似乎显而易见的气氛中，美国选手埃蒙斯举枪、瞄准、击发，最后一枪打出 4.4 环，全场的观众都惊呆了……

在此之前，在所有人看来，金牌已经没有悬念，因为埃蒙斯一路领先，他的总成绩已领先第二名 4 环多，只要他最后一枪打出 6.7 环——一个在步枪射击中的业余水平，金牌自然就会让他收入囊中。这对于一个射击名将来说，简直易如反掌。

但最后一枪，埃蒙斯居然创造出 4.4 环的"意外成绩"。全场以及屏幕前所有的观众都惊呆了，现场直播的解说员也凝滞了两三秒钟。埃蒙斯的名次一下落到第四，中国选手邱健在落后埃蒙斯约 5 环的情况下意外夺金。

在一片不知所措的惊叹声中，时光一下逆流 4 年前，回到了 2004 年 8 月 22 日的雅典马可波罗射击场，那时，2 号靶位的埃蒙斯同样以绝对优势超越所有选手，最后一枪他只要得到不低于 7.1 环的成绩就能夺冠。但最后一声枪响后,子弹竟然飞到了3号靶位上,金牌最终属于中国选手贾占波。

相同的项目、相同的情形、相同的结果,用解说员无奈的话说:"历史总是惊人的相似。"包括埃蒙斯自己在内的所有人都没有想到,噩梦就像幽灵一样,从雅典追到了北京,上帝再一次拨动了他的枪口。

针对埃蒙斯两次在奥运会决赛的最后关头失手,心理专家认为:"他太想要这块金牌了"、"正因为太想得到它了,埃蒙斯在心理上才会出现如此巨大的波动"、"'心魔'使他跨不过去奥运会金牌这道坎"……

过于渴望成功,在心理学上有一个比较专业的说法:成就动机过大。关于成就动机的定义是指:个体追求自认为重要的、有价值的工作,并使之达到完美状态的动机,即一种以高标准要求自己力求取得活动成功为目标的动机。

一般来说,成就动机适度,可以激发人们未发挥出来的潜力;但如果过于强烈,反倒会让中枢神经因为长时间处于高度紧张而受到干扰,进而影响正常的行动力,甚至带来反作用,致使在关键时刻"掉链子"。

埃蒙斯正是太想成功了,太想取得奥运会金牌了,所以才会在心理上出现如此巨大的波动,最终功亏一篑,跨不过奥运会金牌这道坎。对此,心理学专家甚至将这种现象称之为"埃蒙斯魔咒"。

其实,"埃蒙斯魔咒"在多数人的生活中都存在。比如,在台下准备得滚瓜烂熟的主持词,一上台却忘得一干二净;要和客户签一份重要的合同,到了会场才发现,一切准备齐全,只是忘了带合同文本;科学家即将完成一项研究了很多年的实验,却在最后一步的时候因为一个极小的错误而功亏一篑。

那么反过来说,只有胸怀单纯的目标,眼光高远、充满信心,获得平静如水的从容淡定,如此心灵澄净之后,才会不再浮躁和浅薄,才会不被社会的急流所裹挟,谋定而动、清静而为,想必功到便自然有成。

泰戈尔说:"是谁如命运一般逼迫我前奔了,是自我骑在了我的背上。"每个人都急切地想要成功,都梦想着人生的直线上升,这是常有的状态,但是切记要尽量保持平和的心态,对成功不要过于苛求。

淡然地面对成功，将目光放长远一点儿，对自己充满信心，学会朝着目标不停顿地努力，这是获得成功的唯一选择，也是最好的选择。如此，你将实现人生的最大价值，让进取心、理想和梦想变成唾手可及的现实。

勇于肯定自己，
人生没有迈不过去的坎儿

无论你是谁，你要做的第一件事就是肯定自己。无论在你身上发生了什么事情，都要看得起自己，相信人生没有迈不过去的坎儿，进而你绝对可以让自己的人生再度发挥价值，创造巨大的辉煌。

生活中，由于一时的决断失误或是环境的影响，我们会多次地摔倒、被击垮，甚至被摔得粉碎。这时候，我们可能会灰心丧气，可能会顿时觉得自己一文不值，但一定要一如既往地肯定自己。

这是因为，如果你能够勇于肯定自己，那么无论在你身上发生了什么事情，你都不会失去自身的价值，进而充分发挥自己的潜能，让自己的人生再度发挥价值，创造巨大的辉煌。正如美国联合保险公司董事长克里蒙·史东所说："要祛除内心的迷惘，就一定要肯定自己。"

下面来看一个事例。

乔·吉拉德，1928年11月1日出生于美国底特律市的一个贫民家庭，为了生计，9岁时他就开始擦皮鞋、做报童。到1963年1月为止，乔·吉拉德一直是个彻底的失败者，他换过40个工作仍一事无成，甚至曾经当过小偷、开过赌场、遭受父亲的辱骂和邻里的歧视，负债高达6万美元。

但是，一次偶然的演讲会改变了乔·吉拉德的命运。

在演讲会上，一个演讲者拿出一张崭新的 10 美元钞票，问道："你们想得到这张 10 美元的钞票吗？"

一贫如洗的乔·吉拉德当即举起了手臂说："想要！"

演讲者又说："我会将这 10 美元给你的，但是在给你之前我一定要将之弄一下。"说着，演讲者就把那张钞票揉皱了，他接着问乔·吉拉德："先生，你看这张钞票已经如此破旧了，你还想要吗？"

乔·吉拉德又一次高高地举起了手臂，并坚定地说道："要！"

"好吧，"演讲者继续说道，"要是我这样弄它呢？"当演讲者将那张钞票丢到地上，又用脚使劲地踩过后，将它再次捡起来时，它已经变得又皱又脏了。"现在你还要吗？"演讲者又问道。

乔·吉拉德想了一下，仍然说："要！"

"好了，不管我如何虐待这张钞票，你仍然还想要，因为你知道它虽然表面上看上去很惨，便是它的价值却没有减损，它依然还值 10 美元！"演讲者轻轻地笑了，温和地对乔·吉拉德说。

乔·吉拉德当即就充分认识到了这样一个道理：无论遇到什么困难，只要你肯定自己的价值，你就是自己最大的财富。之后，他进入了一家汽车公司做销售员，花了 3 年时间稳打稳扎，让人生演出大逆转，他连续 12 年位居美国通用汽车零售销售员第一名的位置，甚至成为"世界上最伟大的推销员"。

乔·吉拉德的衣服上通常都会佩戴一个金色的"1"字。有人曾经问他："这个字是不是表示自己是世界上最伟大的推销员？"他回答说："不是的，因为我是我生命中最为伟大的！"

也许你很平凡，但你同样拥有自信的权力，需要肯定自己。天生我材必有用，太阳和月亮虽然光彩，但星星也为天空增添了一分光亮；牡丹花固然尊贵，但空谷中的野百合却也衬托了春天的美丽。

请记住，平凡的是我们的位置，却不是我们的心。无论你是谁，你要做的第一件事就是肯定自己，无论何时都要看得起自己，如此，你会发现自己比想象的要更优秀、更有能力、更成功，也必然得到从容淡定的人生。

联合保险公司董事长克里·蒙史东曾这样说："真正的成功秘诀是'肯定人生'4个字，如果你能始终肯定自己的价值，以坚定而乐观的态度去面对一切困难险阻，那么你一定能从其中得到好处。"

克里·蒙史东自幼丧父，因为早早地体恤到母亲持家的辛苦，从小便懂得以外出打零工来补贴家用。从小，蒙史东便有极强的进取心，遇到困难从不唉声叹气，也从不叫苦，他始终相信自己的能力。

有一次，当克里·蒙史东走进一家餐馆准备向客人推销报纸时，却被餐馆的老板赶了出来，还在他身上狠狠地踹了一脚。对此，蒙史东只是轻轻地揉了揉屁股，他安慰自己说："我是最棒的，反正做了又没什么损失！"便又拿起手中的报纸，再次向在场的客人叫卖。因为客人看他勇气十足，便纷纷请求老板给他行个方便。于是，蒙史东那天虽然被踢得很痛，但是口袋里却装满了钱。

中学的时候，克里·蒙史东开始投入保险行业。刚开始，他所遇到的困难与自己当年卖报的情况一样，他依然安慰自己："我是最棒的，反正做了又没什么损失！"于是，他便鼓起了莫大的勇气，一次次地走进城市的一间又一间的办公室中。

终于，克里·蒙史东卖出了一份又一份的保险。在他22岁那年，他便成立了一家自己的保险经纪公司。开业的第一天，他就在繁华的大街上卖出了第一份个人保险，接下来他曾创下每4分钟成交一份保险合同的奇迹。

克里·蒙史东的成功来自于他勇于在磨难和挫折面前自我肯定。不管时境如何变迁，只有不肯轻易否定自己的人才不会败下阵来，在跌倒之后才会有再站起来的决心与勇气，才能被鲜花与掌声所萦绕。

总之，漫漫人生长路，只有肯定自己的价值，你才能发出钻石般的光芒，才有可能跨过人生的每一个坎儿，摆脱各种困境，到时候你就能深刻地体会到一种"闲看庭前花开花落"的荣辱不惊的潇洒、一种"漫随天外云卷云舒"的自信。

奇迹就在坚持的下一秒

> 坚持是对绝望的否定，人生永远不能绝望。无论遇到多么大的困难，只要你不被眼前的困境所蒙蔽，保持一份潇洒的淡然、一种自信的从容，坚持这一秒不放手，下一秒就有可能出现奇迹。

每个人都渴望成功，然而在通往成功的路上，挫折、困难、失败是在所难免的，此时，最明智的选择就是高瞻远瞩，不被眼前的困境所蒙蔽，告诉自己："坚持、再坚持！不能放弃！决不能放弃！"

古人云："骐骥一跃，不能十步；驽马十驾，功在不舍。"无论遇到多么大的困难，永远也不能轻言放弃，因为没有人会知道下一秒将发生什么，如果有了坚持的勇气，只要这一秒不放手，坚持下去，下一秒就有可能出现奇迹。

人可以成全自己，也可以打败自己。如果你被眼前的困境所蒙蔽，不能从容淡定地面对人生中的各种复杂场面，没有坚持下去的潇洒和自信，动摇了、退缩了，那么你就会真的躺下去而起不来了。

一艘轮船遇难了，有个人抱了根木头跳入海里，非常幸运地存活了下来。他在海上漂流了大约有两天的时间，然后被波浪给推到了一个小岛上。

小岛上没有人居住，不过他还是没有放弃获救的信心，便走遍了整个小岛，把所有能吃的东西都搜集起来，然后放进了一个小棚子里储藏着，这些食物也就能勉强够他吃一个月的。

他每天都会爬上山顶向海上眺望，希望可以看见远方的船只，可是却始终不见船只来。一天，他正在山顶上眺望，突然看见了一股股的浓烟，再仔细一看，居然是从自己搭的小棚子那个方向传来的。

他急忙跑了回去，原来是雷电点燃了木房，大火熊熊地燃了起来，他多么希望雨能再下得大些啊，因为在木棚里有他所有的食物。可是，雨并不大，不足以灭火。当木棚子化为灰烬时，大雨才落下来，但一切都晚了。

没有了食物，他绝望了，心想这一定是天意，于是他就心灰意冷地在一棵树上上了吊，结束了自己的生命。

就在他停止呼吸后不久，一艘船开了过来，船上的人来到岛上。看到灰烬和吊在树上的尸体，船长明白了一切，他对船员们说："这个上吊的人没有想到失火后冒出的浓烟会把我们的船引到这里，其实，只要他再坚持一会儿就会获救的。"

坚持是对绝望的否定，人生永远不能绝望。当你感到生活的不幸时，只有坚持苦尽甘来的信念，你才会得到幸运天使的青睐；当你身处黑暗的深渊时，只有坚信黎明会到来，你的人生才会有奇迹发生。

坚持说起来很轻松，但真正做起来却是很难的。但是，一旦你做到了，无论遇到多么大的困难，你都能够保持一份潇洒的淡然、一种自信的从容，从而从容不迫地"运筹于帷幄之中，决胜于千里之外"，开启新的奇迹。

苏格拉底是古希腊著名哲学家，有不少学生曾经拜师于他。一天，苏格拉底要求他的学生们每天甩臂300下。学生们全都爽快地答应了，因为他们觉得这么简单的事任何人都能做到。

一个月后，苏格拉底问他的学生们："每天甩臂300下，哪些同学做到了？"有90%以上的学生骄傲地把手举了起来。两个月后，当苏格拉底再次提出这个问题时，举手的学生减少到了80%。一年以后，当苏格拉底再次提出这个问题时，结果只有一个学生孤零零地把手举了起来，这个学生叫柏拉图，他后来成了古希腊又一位伟大的哲学家。

这个故事告诉我们，坚持需要强大的自信心和意志力，就像房屋是由一砖一瓦堆砌成的；乒乓球比赛的最后胜利是由一次一次的得分累积而成的，只有坚持、再坚持，才能实现你的梦想。

也许你会说："我一直都想成功,也试过了很多次,但一直都没有好的结果。"很多次是多少次?上百次、几十次,还是只有几次?人生的道路太艰难、路途太坎坷,而坚持意味着永远坚持下去……

看看"美国名人榜"上那些名人的经历,你就可以发现,那些功业彪炳千秋的伟人,都受过一连串的苦难打击,但是他们高瞻远瞩、充满信心,意志力更强一些,坚持得更久一些,从容不迫,最终取得了成功。

有一位郁郁不得志的美国年轻人,他穷困潦倒极了,身上全部的钱加起来都不够买一件像样的西服,但他仍全心全意地坚持着自己心中的梦想——做演员、拍电影、当明星,一刻都没有放弃过。

当时,好莱坞共有500家电影公司,他带着自己写的剧本去拜访所有公司。3轮的拜访、1500次的拒绝,可以耗尽一个普通年轻人所有的热情与激情,但他并不是普通的年轻人,他决定开始第1501次的拜访。

终于,在第四轮拜访第350家公司的时候,奇迹出现了。幸运之神这次终于光临了这个年轻人——这家公司老板同意投资开拍他写的这部电影,并由他担任男主角。这部电影就是之后红遍全世界的《洛奇》,而这位年轻人就是席维·史泰龙。

假设在第三轮拜访之后,席维·史泰龙就停住了第1501次的拜访,那么现在还有这个巨星吗?还有他参与的电影佳作吗?还能成就他美好的梦想吗?相信你我心中都有答案。是坚持,引导席维·史泰龙赢得了最后的成功。

就如法国著名科学家巴斯德所言:"告诉你使我达到目标的奥秘吧,我唯一的力量就是我的坚持精神。"坚持是解决一切困难的钥匙,它可以使人抓住一切成功的机遇,即使只有万分之一的希望。人生如此,该是何等的自得、何等的惬意。

学学"阿Q精神"，为自己打开"心门"

当你遭遇人生中的各种复杂场面时，你要想塑造潇洒自信的形象，获得从容淡定的人生力量，就要时常像阿Q一样，在任何情况下都能自己安慰自己，为自己打开"心门"，从而在尴尬中寻找自我解脱。

在这个世界上，没有任何一个人能够永远一帆风顺，有的时候，意外之事总会与我们不期而遇。有的人一旦遭遇人生中的各种复杂场面，情绪就会变得低落，对别人关闭自己的"心门"，乃至在自己身上闹出笑话。

路利索是一个又矮又胖的中年男人，他深深地知道自己身体的缺陷，所以总是一副郁郁寡欢的样子。一天，路利索和几个朋友应邀到一个朋友家里去做客，却遭到了一些人的嘲笑："呀，你们看他长得多滑稽！"

顿时，路利索心里难过极了，他对自己说："既然我长得这么滑稽，他们为什么还要邀请我来，想必是想看我出丑吧。我一定要保持警惕，他们肯定是在策划着什么，千万不要被他们拿着开涮。"

晚饭过后，朋友们都在笑，但笑得很夸张。路利索想："瞧，这些人没有特别的笑的理由却那么高兴，他们一定想好了开一个什么玩笑，而这个玩笑肯定是针对我的，我一定要小心。"路利索像豹子嗅猎物一样，既不放过一个字，也不放过一个语调、一个手势。在他看来，一切都值得怀疑。

到了睡觉的时候，路利索被朋友送到卧室，朋友大声冲他道晚安，并关上了门。路利索站在卧室门口，一步也没有迈，手里拿着蜡烛，仔细地窃听着门外面的笑声和窃窃私语声，他对自己说："毫无疑问，他们在窥伺我。"

不一会儿，外面一点儿声音也没有了，路利索仔细检查墙壁、家具、天花板、地板，没有发现任何可疑的地方。"也许我的蜡烛会突然熄灭，他们会在黑暗中对我做什么。"想到这里，路利索把壁炉上所有的蜡烛都点着了。

然后，他再一次绕房间走了一圈，仔细地打量周围，看到百叶窗还开着，路利索走近窗户，小心翼翼地把百叶窗关上，然后放下窗帘，并且在窗前放了一把很重的椅子，自己小心翼翼地坐下："哼，我倒要看看他们到底要耍什么花招。"

时间流逝着，什么事情也没有发生，路利索终于承认自己是可笑的，他决定睡觉，但这张床在他看来也特别可疑。于是，他轻轻地把床单和被子拽到房间正中央的地上，并重新铺了床，然后钻进被窝里。

一切似乎都是平静的，一个小时后，路利索不知不觉地睡着了。

正在熟睡中，路利索突然感到一个沉甸甸的东西落到了自己的身上，那东西一动也不动，把他压得喘不过气来。与此同时，他的脸上、脖子上、胸前被浇上一种滚烫的液体，痛得他嚎叫起来。

路利索伸出双手，想辨明物体的性质，他摸到一张脸、一个鼻子。他用尽全身力气，朝这张脸上狠狠地打了一拳，然后，从湿漉漉的被窝里一跃而起，穿着睡衣跳到走廊里大喊大叫。这时天已经大亮了。

人们闻声赶来，发现一个朋友正躺在路利索房间的地上捂着脸吼叫。原来，朋友在给路利索端早茶来的路上，碰到了路利索在房屋中间临时搭的床铺，摔倒在路利索的肚子上，把早茶浇在了路利索的脸上。

在这个故事中，路利索看起来真是可笑，他纠结于自己矮胖的身体、纠结于一些人的嘲笑，担心自己会被朋友们拿着开涮，情绪变得低落和紧张，甚至对所有的人都充满了怀疑，结果造成了一场笑话。

在生活中，当你不慎在人前蒙羞或者处境尴尬时，你会如何做呢？

诚然，每一个人都有自己的做法，但是我们要知道的是，那些从容淡定、潇洒自信的人，通常会像阿 Q 一样，在任何情况下都能自己安慰自己，为自己打开"心门"，从而不仅能在尴尬中自找台阶下，而且还能活跃谈话气氛。

阿Q是鲁迅先生 1921 年在《晨报》副刊上发表的中篇小说《阿Q正传》的主人公，无论遇到多么不顺心的事儿，他总是有理由自己安慰自己。与他人打架吃了亏，他心里就想："我总算被儿子打了，现在世界真不像样，儿子居然打起老子来了。"当他被拉去杀头时，他便觉得天地之间，大约本来也未免要杀头的……这样，阿Q"永远是得意的"。

在这里，阿Q所使用的是自我解嘲。所谓自我解嘲，是指用言语或行动不失幽默地拿自己的失误、不足乃至生理缺陷来"开涮"，将其夸大、剖析，再巧妙地引申发挥、自圆其说，然后从容淡定地一笑置之。

幽默一直被人们视为一种很高的语言艺术，只有聪明人才能驾驭自如，而自嘲又被称为幽默的最高境界，没有从容淡定的心态和超凡的潇洒自信是无法做到自嘲的，具有这种非凡的气度和勇气的人，堪称智勇双全者。

倘若我们不慎在人前蒙羞或者处境尴尬时，多学学"阿Q精神"，不妨打开"心门"，自嘲一番，既展示了自己潇洒自信的做事态度，又彰显了从容淡定的做人态度，能够使我们活得轻松洒脱、富有人情味。

在社交场合中，自嘲往往能使你从中体面地脱身。在心灵受到创伤时，自嘲还有"疗伤"的功效。当不幸或灾难降临时，自嘲能帮你抚平心灵的创伤，从而让你积极地面对困境，战胜困难和灾难。

在旁人眼里，马晓艳是一个幸福的女人，她有一个年轻有为的丈夫、一个活泼可爱的女儿。但是，令人没有想到的是，7 年的婚姻却因为丈夫经不起婚外情的诱惑，说解体就解体了。

刚离婚时，马晓艳整天躲在家里悲伤，晚上流泪失眠，白天萎靡不振，成天都似大祸临头一般。直到有一天照镜子的时候，她发现自己的眼角居然出现了细纹，头顶竟有了少许的白发，于是她痛下决心要改变自己。

她在一本日记本上，写下了这样的文字：

现在好了，我睡觉的时间多了，你晚上不在家的时候，我不用在床上胡思乱想你晚饭后去了哪里逍遥，不用担心你找不到钥匙进不了家门而等着你夜归，甚至硬是挺到半夜，把自己弄得面色憔悴。

现在好了，我不再问你喜欢我穿什么，不再问你最想吃什么，不用浪费难得的假日等你回家团聚，我有了更多的逛街机会，我想吃什么就做什么，想去做什么就做什么，我会带着女儿去公园坐坐、去书店看书、去郊外爬山，行走于田间，我们多自由自在！

现在好了，我已没有管理你的义务和责任。我不再操心你的臭袜子，不再告诉你酒后驾车的种种可能，更不会在晚饭后打电话催你早回……我的"多语症"突然不治而愈，面部表情充满阳光。

……

离婚没有什么不好，这不是一场悲剧，而是另一种美丽的开始，我将重新审视自己的价值，重新塑造自我，就像凤凰涅槃一样在烈火中获得重生。哼，多亏我离婚了，要不然我什么时候才能享受到这种美好的生活呢？

一夜之间，昔日的恩爱夫妻变成了形同陌路的路人，任谁都无法坦然地接受，但马晓艳却说"离婚没有什么不好"，很显然她是跳出了悲伤来自我嘲讽。但我们不得不说，这种自我嘲笑实际上就是战胜了悲剧。

在人生道路上，尤其是在社交场合中，你要想塑造潇洒自信的形象，获得从容淡定的人生力量，就要时常学学"阿Q精神"，在任何情况下都能自己安慰自己，为自己打开"心门"。

不过，值得一提的是，自嘲并不是自我辱骂，也不是出自己的洋相，一定要把握分寸，还要注意运用的场合，最好不要在严肃的场合或悲痛的氛围中尖刻地嘲笑自己，否则只会让自己感到屈辱。

心中有目标,任尔雨打风吹去

如果一个人心中没有目标,一旦风云四起、变幻莫测之时,就容易东一榔头、西一棒子,整天忙忙碌碌、晕头转向却没有一点儿成就感。相反,一个心中有目标的人,自会深谋远虑、未雨绸缪,任尔雨打风吹去,他都能坚强地穿过风雨、涉过险途。

人生的道路是很漫长的,总会出现意料之外的事情,扰乱我们前进的脚步,但重要的是我们要有一个自己的目标。只要心中铭记自己的目标并且坚持不懈地去实践它,就没有穿不过的风雨、涉不过的险途。

沙漠里气候干旱,风沙是常有的事情,很多人都被无情地埋葬在这里。

一位探险者行至沙漠时, 突然遭遇了一场突如其来的暴风沙, 风非常大,吹得他什么也看不见。一阵狂沙吹过之后,他已认不清正确的方向,而且他那装有干粮和水的背包也被卷走了,他难免有些沮丧。

"哦,我还有一个标本!"探险者惊喜地喊道。原来在他上衣的口袋里还有一个蝴蝶标本,那是他答应给女儿带回去的礼物。于是,他就拿着这个标本,坚强地在沙漠里走着。整整一个昼夜过去了,探险者仍未走出空旷的大漠。

饥饿、干渴、疲惫、失望等一起袭向他,望着茫茫无际的沙海,有好几次探险者都觉得自己快要支撑不住了,可是看一眼手里的标本,他想起了女儿期盼的目光,陡然间又增添了些许力量。

顶着炎炎烈日,探险者又继续艰难地跋涉。已数不清摔了多少跟头,每一次他都挣扎着爬起来,跟跄着一点点地往前挪,他心中不停地默念着:"我要活下去,我还要把蝴蝶标本送给女儿。"

3天以后,探险者终于走出了大漠,那个蝴蝶标本依然完好地拿在他手里,他用双手轻轻地把标本擎了起来,看上去像是举着一个宝贝。他哭着说:"若是没有这个标本,或许我现在已经命丧沙漠了。"

人的一生又何尝不是如此?在生命的旅途中,我们常常会遭遇各种挫折和失败,就像行走在迷茫无际的荒漠中。这时候,只要心头不熄灭那个坚定的信念,努力地去实践目标,总是可以渡过一个个难关的。

相反,如果一个人心中没有目标,一旦风云四起、变幻莫测之时,就容易东一榔头,西一棒子,整天忙忙碌碌、晕头转向却没有一点成就感,又岂能有潇洒、自信而言?更别提获得从容淡定的人生了。

如果你不信,那么不妨来看这样一个小故事。

一队毛毛虫在树上排成长长的队伍前进,有一条带头,其余的依次跟进,一旦带头的找到食物,停了下来,它们就开始享受美味。

有一个调皮的小孩子看到这个现象非常感兴趣,于是他将这一组毛毛虫放在一个大花盆的盆沿上,使它们首尾相接,排成一个圆形,带头的那条毛毛虫也排在队伍中。随后,小孩又在队伍旁边摆放了一些毛毛虫喜爱吃的食物。

这时,那些毛毛虫开始移动,它们像一个长长的游行队伍,没有头,也没有尾。小孩原本以为,毛毛虫会很快厌倦这种毫无用处的爬行而转向食物。可是,出乎预料之外,那只带头的毛毛虫一直跟着前面的毛毛虫的尾部,它失去了目标。就这样,这组毛毛虫沿着花盆边沿爬了7天7夜,一直到饿死为止。

可怜的毛毛虫们首尾相接,只知道一直向前爬行,而没有注意到附近的食物,最后导致饿死,这个"毛毛虫式"的怪圈给予我们一个非常深刻的启示,就是没有目标地盲目行动很容易被眼前的困境所蒙蔽,导致人生的失败。

亚里士多德说过:"明白自己一生在追求什么目标非常重要,因为那就像弓箭手瞄准箭靶一样，我们会更有机会得到自己想要的东西。"一个心中有目标的人，自会深谋远虑、未雨绸缪、从容不迫，任尔雨打风吹去，从而创造成功。美国纽约大都会街区铁路公司的总裁弗兰克就是循着这一条不变的途径达到成功的。

谈及自己的成功时，弗兰克说："在我看来，对一个有目标的年轻人来说，没有什么不能改变，也没有什么不能实现，而且这样的人无论从事什么样的工作，在什么地方都会受到欢迎。"

50年前，弗兰克还是一个13岁的少年，由于家境贫困，他没有上过几天学便提早进入了社会，他要求自己一定要有所作为。那时候，他的人生目标是当上纽约大都会街区铁路公司的总裁。

为了实现这个目标，弗兰克从15岁开始，就与一伙人一起为城市运送冰块，不断地利用闲暇时间学习，并想方设法向铁路行业靠拢。18岁那年，经人介绍，他进入了铁路行业，在长岛铁路公司的夜行货车上当一名装卸工。尽管每天又苦又累，但弗兰克始终铭记自己的人生目标，并认真地对待自己的工作，他也因此受到赏识，被安排到纽约大都会街区铁路公司从事铁路扳道工的工作。

担任这份工作后，弗兰克感觉到自己正在向铁路公司总裁的职位迈进。在这里，他依然勤奋工作，加班加点，并利用空闲帮主管做一些统计工作，他觉得只有这样才可以学到一些更有价值的东西。后来，弗兰克回忆说："不知道有多少次，我不得不工作到午夜十一二点才能统计出各种关于火车的赢利与支出、发动机耗量与运转情况、货物与旅客的数量等数据。做了这些工作后，我得到的最大收获就是迅速掌握了铁路各个部门具体运作细节的第一手资料。而这一点，没有几个铁路经理能够真正做到。通过这种途径，我已经对这一行业所有部门的情况了如指掌。"

但是，扳道员的工作只是与铁路大建设有关联的暂时性工作，工作一结束，弗兰克面临着离职的危险。于是，他主动找到了公司的一位主管，告诉他自己希望能继续留在公司做事，只要能留下，做什么样的工作都可以。对方被他的诚挚所感动,调他到另一个部门去清洁那些满是灰尘的车厢。不久,他通过自己的实干精神,成为通往海姆基迪德早期邮政列车上的刹车手。

在以后的岁月里,弗兰克始终没有忘记自己的目标和使命,不断地充实自己的铁路知识,废寝忘食地工作着,他每天负责运送 100 万名乘客,从没有发生过重大交通事故。最终,弗兰克实现了自己成为总裁的目标。

在这纷繁复杂的世界里,从"昨夜西风凋碧树,独上高楼,望尽天涯路",到"衣带渐宽终不悔,为伊消得人憔悴",再到"众里寻她千百度,蓦然回首,那人却在灯火阑珊处",都应该心中有目标。

知道目标的重要性是好的,但是成功不在于你知道多少,而是在于你做了多少。为自己树立一个目标,并坚定地坚持下去,如此,相信你一定会处理好复杂的世事,活得潇洒自信、活得从容淡定。

换一下角度,
再难的问题也可以迎刃而解

人生中的各种复杂场面,有时候看似难如上青天,令人手足无措,但只要你高瞻远瞩、充满信心,转换一种思维方法,该转弯时就转弯,问题便可迎刃而解,而且时常能够得到意想不到的收获。

人总是要与问题为伍的。从呱呱坠地到盖棺论定,从衣食住行到定国安邦,从平民百姓到公子王孙,每一个人都会遇到各种各样、大大小小的生活难题。活着,就要不断地处理问题。

这些问题有时候看似难如上青天,令人手足无措,但只要我们高瞻远瞩、充满信心，多动动脑子，换个角度去思考问题，找准一个突破口，问题便可迎刃而解，而且时常能够得到意想不到的收获。

死神在一场瘟疫中累倒了，靠在路边休息，一个好心的青年跑来安慰他。死神见青年善良老实，就将他收为徒弟。死神教青年非常厉害的点穴手法，只要在病人身上的穴道点几下，病就能治好。

过了一段时间，死神对青年说："你现在可以去行医了，但是有一条戒律不可以违犯。当你治疗垂死的病人时，我会站在病人的床边，如果你看见我站在病人的脚旁，你可以把他的病治好；如果你看见我站在病人的头那一边，就表示那人的大限已到，你就不用治了，否则，就要拿自己的命来抵。"

青年一直遵守着死神的戒律，也治好了很多人，成为了当代的名医。

有一天，公主生病了，群医束手无策，国王便颁布一个命令：如果有人能把公主治好，就传位给他，并把公主许配给他。青年在远方听到了这个消息，就跑到皇宫为公主治病，当他走进公主的房间时，公主的美丽使他倾心，但公主的头旁边却站着死神。

青年实在是很喜欢公主，他决定要救活公主，但是死神站在公主的床头，怎么办呢？青年冥思苦想了一会儿之后，对国王说："大王，请叫人把公主的床换一个方向，这样我就能把公主治好。"

国王立即派人把公主的床换了方向，这样死神就变成了站在公主的床尾，青年很快就把公主治好了，死神对他也无可奈何。接下来，青年迎娶了公主，继承了王位，过着幸福快乐的生活。

面对棘手的问题时，这个青年并没有被眼前的困境所蒙蔽、消极地逃避或搁置问题，而是保持冷静的头脑，在理性分析的基础上独树一帜，适时地变通了一下，他只是把床头和床尾换个位置，便找到了适当解决问题的方法，斗败了死神。

在生活和工作中，有许多问题很难用直接求解的方法得出解决的方案，这时不要凡事都幻想着走直径，需要转换一下角度，从侧面来思考问题，该转弯时潇洒自信地绕绕道，往往能让你更加从容淡定地享受人生。

相反，只知直来直去、不懂侧面迂回的人，往往都会在复杂的人生场景中乱了分寸，被眼前的困境所蒙蔽，碰得头破血流，即使最终强取而得，也耗费了超出常规几倍的精力，难以活得从容淡定。

我国古代的军事圣书《孙子兵法》曾云："先知迂直之计者胜。"曲中有直，直中有曲，这是辩证法的真谛。尤其在竞争激烈的现代社会，更要结合环境的虚实、优劣，高瞻远瞩、从容不迫，"运筹于帷幄之中，决胜于千里之外"。

有这样一个真实的故事曾广为流传。

有这样一位青年，他在美国一所著名大学的计算机系留学深造。取得博士学位后，他想在美国找一份理想的工作。可是，由于他的起点高、要求高，结果连续找了好几家大公司，它们都没有录用他。

思来想去，青年决定收起所有的学位证明，以一种最低身份求职。他拿着自己的高中毕业证前去寻找工作，并声称自己只想在工作岗位上锻炼自己、积累工作经验，哪怕不给工资也愿意做。

不久，青年就被一家大企业聘为程序录入员。程序录入是计算机系列中最基础的工作，对他来说简直就是小菜一碟，但他仍干得一丝不苟，他不仅能看出程序中的错误，而且还适时地向老板提了出来。

老板发现青年居然能看出程序中的错误，非一般的程序录入员可比，对青年自然多了一份认可和欣赏，同时也很好奇。这时，青年才亮出学士学位证书，于是老板给他换了个与大学毕业生对口的职位。

又过了一段时间，老板发觉在这个工作岗位上，青年还是比别人做得都优秀，就约他详谈，此时青年才拿出了博士学位证书，而且是美国一所著名大学的博士学位证书。

老板对青年的水平已经有了全面的认识，又佩服于他能够踏踏实实地做好每一项工作，便毫不犹豫地重用了他。

这个故事又一次验证了这样一个道理：我们常常因人生的复杂性而抱怨不已，除了竭尽全力想打开锁住解决问题的大门外，却从来没有想过换一种方法，我们尽可以绕行、爬墙，甚至把锁撬开，只要不受沉疴思维的摆布，就能另辟蹊径，找到解决问题的办法。

所以，在碰到困难强攻不下时，我们不要总在想着如何正面地克服障碍、解决问题，而是要在充分认识当前局势的基础上分析对比、审时度势，让思维在一定时间内暂时离开直线轨道，转入一个曲折蜿蜒、绕道前行的角度。

转换一种思维方法，该转弯时就转弯，在迈出困境的同时，也许就获得了柳暗花明的改变，那时你会觉得原来的一切都没有想象的那么难。任何难题在你这里都不是问题，如此，你就能实现人生中一次次的成功。

在苦难中焚烧，才能百炼成钢

"不经历风雨，怎能见彩虹"、"吃得苦中苦，方为人上人"，这些俗语无一不是在强调苦难的意义。的确，对于我们来说，苦难是一把锻造钢刀的锤，打掉的应是脆弱的铁屑，锻成的将是锋利的钢刀。

生活永远不会是一条畅通无阻的坦途，在这条道路上，有着无数的艰难险阻，倘若你一遇到苦难就选择了放弃，不再为自己的目标努力了，可能一时比较痛快，但是你永远不可能享受到从容淡定的人生。

俗话说"吃得苦中苦，方为人上人"，任何香甜的果实，都是人们用自己的血汗浇灌而得到的。人必须具有战胜困难的勇气和信心，经历风风雨雨的考验，在烈火中焚烧冶炼，才能最终百炼成钢。

鉴真大师在传播佛教与盛唐文化上有很大的历史功绩。刚出家的时候，寺里的住持让他做一个行脚僧。起初，鉴真很不情愿，因为行脚僧每天所做的事情是很无聊的,即每天下山化缘。

一天,太阳已经爬得很高了,鉴真仍然没有起来诵经。住持感到很奇怪,便来到鉴真的房间,不料却看见了一大堆破破烂烂的瓦鞋,而鉴真则躺在床上睡大觉。住持有点儿生气了,上前叫醒鉴真:"你不下山化缘,在房间堆这么一堆破瓦鞋干什么?"

鉴真睁开眼睛,刚一开始有些害怕受到住持的责骂,但事到如此,他稳了稳情绪,决定将自己的委屈说出来:"我刚剃度一年多,就穿烂了这么多的鞋子,可是别人一年连一双瓦鞋都穿不破!"

住持听后,顿时明白了,然后微微一笑说:"昨天下了一夜的雨,我们到外面去走走吧。"于是,两人一同走到了寺庙的外面,停下脚步一看,眼前是一段黄土坡,由于昨夜受到雨水的浸泡,现在路面显得泥泞不堪。

住持望着前面的路沉默不语,鉴真不明白住持葫芦里卖的是什么药,也只好默不作声。过了一会儿,住持才开口问道:"鉴真,我问你,你是愿意当一辈子的小和尚,还是要做一个有大境界、大作为的大师?"

"我才不愿意当一辈子的小和尚呢。"鉴真看着住持的眼睛说,"我要做大师,要做和师父一样的大师!"

住持摸了一下花白的胡须,问道:"你昨天下山去化缘,是不是在这条路上走过?"

鉴真回答说:"嗯,是的。"

住持接着又问:"那你还能找到自己的脚印吗?"

鉴真挠了挠脑袋说:"不能,昨天白天没有下过雨,这条路又干又硬。"

住持说:"要是今天我们在这条路上走一趟,你能找到你的脚印吗?"

鉴真回答:"呵呵,当然能了。"

住持听后,拍了拍鉴真的肩膀,说道:"只有泥泞的路才能留下脚印,世上所有的事情都一样啊!"

鉴真听后,恍然大悟:要想成为一位得道高僧,一定要经历风雨,就像一双脚踩在泥泞的地面上,只有这样,才能留下无法磨灭的足迹。

苦难对于人来说，是一把锻造钢刀的锤，打掉的应是脆弱的铁屑，锻成的将是锋利的钢刀。那些从容淡定、潇洒自信的人之所以不惧苦难，是因为他们深深地懂得，在苦难面前退却、停止、放弃、逃跑的话，就只能终身做一个无名小辈。

蝴蝶的幼虫时期是在一个洞口极为狭小的茧中度过的。当它的生命要发生质的飞跃的时候，这个狭小的通道对它来讲无疑是如同鬼门关，那娇嫩的身躯必须要竭尽全力才可以破茧而出。许多幼虫在往外冲杀的时候力竭身亡，不幸成为了飞翔的祭品。

有的人动了恻隐之心，企图将那幼虫的生命通道修得宽阔一些，他用剪刀将茧的洞口剪大一些。但这样一来，所有受到帮助而见到天日的蝴蝶都不再是真正的飞行精灵——它们无论如何也飞不起来，只能拖着丧失了飞翔功能的双翅在地上笨拙地慢慢爬行。

原来，那"鬼门关"般的狭小茧洞恰恰是帮助蝴蝶幼虫两翼成长的关键所在，幼虫在穿越的时候，通过用力挤压，血液才能被顺利地输送到蝶翼的组织中去；唯有两翼充血，蝴蝶才能振翅飞翔。人为地将茧洞剪大，蝴蝶的翅翼就没有了充血的机会，爬出来的蝴蝶便永远与飞翔绝缘了。

我们的成长过程恰似蝴蝶破茧的过程，一个人必须首先经历过无数苦难，接受各种考验，意志得到磨炼，力量得到加强，心智得到提高，才能具备百折不挠的性格，获取知识与智慧，才能够有所成就。

除此之外，花朵要获得美丽，其种子必先要穿越沉重黑暗的泥土，才能得以在阳光下发芽开放；小鸟要飞翔得更高，必然是经过起落，失去了无数根羽毛才能够锤炼出凌空的翅膀；就连天上的彩虹，外表迷人绚烂，也是经历过风雨之后才可能呈现的风景。

诗人泰戈尔曾说过："上天完全是为了坚强我们的意志，才在我们的道路上设下重重的障碍。"许多人之所以伟大，都源于他们能够从容淡定地承受苦难，最好的才干往往是在烈火中冶炼出来的。

世界大文豪巴尔扎克听从父亲的意愿做了法律系的一名大学生。大学毕业后，他觉得自己完全可以在文学方面做得更出色，于是他放弃了父亲给他的安排道路，毅然拿起笔来从事写作。为此，他的父亲很是生气，以致父子关系紧张。

不久，恼怒的父亲便不再向巴尔扎克提供任何生活费用。而在1825~1828年期间，巴尔扎克写的那些作品不断地被退回来，他先后从事出版业和印刷业，皆告失败，他陷入了困境，开始负债累累。

最困难的时候，巴尔扎克只能吃点儿干面包，喝点儿白开水。但他挺乐观，每次就餐的时候，他便在桌子上画一只只盘子，上面写上"香肠"、"火腿"、"奶酪"、"牛排"等字样，然后在想像的欢乐中狼吞虎咽。

有天夜里，一个小偷爬进了巴尔扎克的房间，在他的书桌里乱摸。巴尔扎克被响声惊醒了，他悄悄爬起来，点亮了灯，十分平静地笑着说："亲爱的，别找了，我白天在书桌里都不能找到钱，现在天黑了，你更别想找到了。"

尽管如此，巴尔扎克非但没有放弃努力，反而把全部的心思扑在写作上。"苦难对于天才是一块垫脚石，对能干的人是一笔财富，对弱者是一个万丈深渊。"他用这句气壮山河的名言表达出了他内心的自信，也正是这句名言支持着他在通往成功的道路上行走着。

在这段艰难的日子里，巴尔扎克竟破费700法郎买了一根镶着玛瑙石的粗大手杖，并在手杖上刻了一行字：我将粉碎一切障碍。后来的事实证明，他是一个天才，他踩着困难走向了成功，成为法国现实主义文学成就最高者之一。

钻石愈坚硬，它的光彩也愈炫目，而要将其光彩显示出来所需的琢磨也愈有力。"不经历风雨，怎能见彩虹"、"梅花香自苦寒来，宝剑锋从磨砺出"，苦难对我们来说正是这样一种磨炼，它能坚定我们的思想，发挥我们的潜力。

因此，当我们遇到苦难时，想想那些这些小故事，回味其中的道理，就会明白许多，变得不再畏惧，而是把苦难当做人生道路上的一块顽石，用从容淡定的心态、潇洒自信的精神将它焚烧、冶炼成最刚强的钢铁。

挫折是通往成功
殿堂的入场券，请微笑面对

在前进的道路上，每个人不可避免地会遇到各种各样的挫折，遭遇"山重水复疑无路"的逆境。大凡那些从容淡定、潇洒自信的人，往往能够以微笑直面挫折，将挫折转化成行动的动力，获得通向成功殿堂的入场券，迎来"柳暗花明又一村"的顺境。

在生活中，不少人往往对人生的曲折估计不足，把人生之路看得像飞机场一样平坦，像开满山花的小路一样迷人，这样一来，当他们在前进的道路上遇到挫折时，由于没有做好充分的准备，很容易手足无措、悲观和彷徨。

一家大公司要招聘 5 名职员，经过一段时间的面试、笔试，公司从众多名应聘者中选出了 5 名佼佼者。发榜这天，一个青年见榜上没有自己的名字，悲恸欲绝，回到家中便要服药自尽，幸好亲人及时发现，将他救下。

正当青年悲伤之时，突然又得知自己被那家公司录用了。原来，青年的面试和笔试成绩均名列前茅，只是由于那家公司的一台计算机出现了错误，使他的总分成绩减少了 30 分，才导致落选。

青年大喜过望，但是正当他欣喜地准备正式上班之时，公司又传来消息：他被公司除了名。原因很简单，公司的老板认为："如此小的挫折都经受不了，这样的人肯定在公司里干不成什么大事。"

的确，没有经历过风雨折磨的禾苗永远结不出饱满的果实，没有经历过挫折的雄鹰永远不能高飞，没有经历过磨难的士兵永远当不上元帅……没

121

有遇到过任何挫折的人如何能获得成长呢?

每个人在前进的道路上,不可避免地会遇到灾难、失业、失恋、离婚、破产、疾病等各种各样的挫折,即便你比较幸运,没有遭遇这些挫折,也可能会遇到来自生活各种各样的压力和烦心事,真正能体现一个人品质的便是遭遇挫折时所体现出的心态。

有一个知识渊博的人遇见了上帝,他生气地问上帝:"我是个博学的人,可是您为什么不给我成名的机会呢?"

上帝无奈地回答:"你虽然博学,但样样都只尝试了一点儿,不够深入,用什么去成名呢?"

那个人听后便开始苦练作画,后来虽然画得一手好画,但还是没有出名。

他又去问上帝:"上帝啊,我已经精通了作画,为什么您还不给我机会让我出名呢?"

上帝摇摇头说:"并不是我不给你机会,而是你抓不住机会。我曾暗中帮助你去参加作画比赛,你缺乏信心和勇气,又怎么能怪我呢?"

那人听完上帝的话,又苦练数年,建立了自信心,并且鼓足了勇气去参加比赛。他画得非常出色,却由于裁判的不公正而被别人夺去了成名的机会。

那个人心灰意冷地对上帝说:"上帝,这一次我已经尽力了,看来上天注定,我不会出名了。"

上帝微笑着对他说:"其实你已经快成功了,只需最后一跃。"

"最后一跃?"他瞪大了双眼。

上帝点点头说:"你已经得到了通往成功殿堂的入场券——挫折,成功就是挫折给你的礼物。"

这一次,那个人牢牢记住了上帝的话,他坚持、再坚持,果然最后取得了成功。

挫折是人前进的第一站,是通往成功殿堂的入场券。当你面临或遭遇挫折的时候,千万不要哀怨、痛苦,不要让自己沉浸在悲伤之中,你应该善待挫折,并以微笑面对挫折,正是挫折给了你更多成长和锻炼的机会。

在人生的旅途上，顺境与逆境是重叠的。大凡那些从容淡定、潇洒自信的人，在前进的道路上，往往是先经历了"山重水复疑无路"的逆境，几经奋斗之后，又迎来了"柳暗花明又一村"的顺境。

莎莉·拉菲尔是美国著名的电台广播员、美国电台主持业的顶尖级大红人。然而，或许谁也想不到，在她30多年的职业生涯中，曾经先后被辞退过18次，相信她的故事对每个人都会有一定的启迪作用。

刚开始时，拉菲尔来到波多黎各，她多么希望自己能有好运气的陪伴，但是由于美国大部分无线电台认为女性广播员无法吸引听众，所以，拉菲尔应聘了几家电台，居然没有一家愿意雇用她。

后来，经过三番五次的努力，拉菲尔好不容易在纽约一家电台谋求到了一份差事，但不久又被辞退了，辞退的理由是她跟不上时代。此后几年，虽然拉菲尔一直不停地工作，但是她同时也在不停地被辞退，甚至有的电台指责她根本就不清楚主持是什么。

但是，拉菲尔并没有因此而灰心丧气、自暴自弃，而是总结了自己受挫的教训之后，又向国家广播公司电台推销她的节目构想。电台虽然勉强答应了下来，但提出要她先在政治台主持节目。

由于对政治知之甚少，拉菲尔曾一度犹豫，但经过深思熟虑，她终于坚定了信心，决定去大胆地尝试。适逢7月4日国庆节来临，拉菲尔充分利用自己的长处和平易近人的作风，大谈国庆节对她有何种意义，还请观众打电话畅谈他们的感受。很多听众立刻对这个节目产生了浓厚的兴趣，拉菲尔也因此一举成名。

如今，拉菲尔已经成为自办电视节目的主持人，并且曾两度获得重要主持人的奖项。在总结自己30年职业生涯的经历时，拉菲尔不无感慨地说："我被人辞退18次，本来可能被这些挫折所吓退，做不成我想做的事情，可结果正相反，我让它们鞭策我勇往直前地向成功迈进。"

在无数次的挫折面前，拉菲尔都能够以坦然的心态面对，不悲伤、不哀怨，并将挫折化为了前进的动力，最终才取得了巨大的成功。所以，成功并不是偶然的,而是经过无数次挫折历练后的见证。

明白了这个道理,挫折与成功对我们都无比重要。若将人生比喻成一座大山,挫折就是人在攀登大山中难以把握、难以预期的崎岖山径。只有经得起考验和磨砺,挫折才能转化成我们行动的动力,成为通向成功殿堂的入场券。

所以,不要将挫折看成我们人生路上的绊脚石,而是要能时刻以一颗淡然从容的心态去面对挫折、以微笑面对挫折,将之看作是点燃我们内心信念的火种,只有这样我们方能远离挫折,取得最终的成功。

失败没什么大不了,不过是从头再来

失败没什么大不了,不过是从头再来。能够这样想的人,心中总有一股强大的信念,必是心胸宽广、眼光高远,他们会将暂时的失败忘记,从失败的痛苦阴影中走出来,从而从容淡定地把握人生方向。

这个世界上没有人不曾失败过,不是一些人,也不是大多数人,而是每一个人都体会过失败的痛苦与挣扎,失败可谓是伴随我们的"必修课":第一次学走路,迈出的第一步是摔倒;第一次参加比赛,以没有入围而终;第一次谈恋爱,却以分手告终……

对大多数人而言,最糟糕的事情莫过于品尝失败的滋味了,但是,在风云四起、变幻莫测之时,我们不能沉沦于失败的打击中一蹶不振、无法自拔,否则失败时沉重的心理阴影会一次又一次地遮盖住未来的天空,使我们不知不觉地重复着失败的老路,也许将永远没有重新开始的机会。

面对失败时的心态其实很简单,它只是让我们排除了又一个不成功的原因。忘掉失败、敢于向前的人，必是胸怀笃定之心、潇洒自信之人，如此不给自己负重，既是最简单也是离成功最近的方式。

爱迪生是伟大的发明家，他的成功就在于他从容淡定，善于忘记曾经的失败。爱迪生从小就对电器产生了浓厚的兴趣，自从法拉第发明了电机以后，他就决心制造电灯，为人类带来光明。

在发明电灯的过程中，他所遇到的困难是要寻找到制作灯丝的材料，他先用炭化物质做试验，失败后又以金属铂与铱高熔点合金做灯丝试验，还以上质矿石和矿苗做试验。爱迪生做过共计1600种不同的试验，结果都失败了。

不过，失败并没有让爱迪失放弃希望，他将这些"失败"丢到脑后，继续进行着自己的实验。后来，他用炭丝装进玻璃泡里，一经试验，效果很好。就这样，世界上第一批炭丝白炽灯问世了。

虽然电灯发明成功，但是这种电灯有很多毛病，大规模推广的可能性很小，这对爱迪生来说依旧是一次失败。后来有一次，他用碳化竹丝做成一根灯丝，结果比以前做的各种试验都理想，这便是爱迪生最早发明的白炽电灯——竹丝电灯。通上电后，这种竹丝灯泡可以连续不断地亮1200个小时。

为了这看似简单的电灯，爱迪生几乎把自己的精力都投在了试验上，大约经过5万次的试验，写成试验笔记150多本，可是，1914年12月的一个晚上，工厂突然失火了，爱迪生的实验室化为灰烬。

看到实验室化为灰烬之后，爱迪生难免一阵心痛，毕竟这是他大半辈子的心血。爱迪生对安慰自己的朋友们表示感谢，然后轻轻地对大家说："没错，这场大火的确把我的成果给烧光了，不过同时它把我的错误也烧光了，现在我要重新开始！"

无论经历多少次失败，爱迪生都将失败的阴影抛到了九霄之外，最后达到了目的，成为了世界闻名的发明大师。

俗语说"好事多磨"，失败其实是一种磨炼的过程，明白了这个道理，心即使在冰冻三尺之下也不会凉的。如果失败了，我们也应该像爱迪生那样，选择把那些失败忘记。而能否忘记失败，则是我们能否重新开始的关键。

被称为"领导力大师"的沃伦·本尼斯在撰写其最负盛名的著作《领导者》时发现，无论是政府、民间还是非营利领域的领导人，他们都有三四个共同的特性，其中之一便是：每个人都曾犯过严重的错误，忘记失败，然后反败为胜。

不过，我们在这里所说的忘记失败，并不是让我们完全地将失败忘记，而是要及时从失败中反省自己，然后摒弃失败后那些阻碍我们前进的消极思想，这样才能从失败的痛苦阴影中走出来，让自己拥抱成功的希望。

英国《泰晤士报》前总编辑哈罗德·埃文斯一生中曾经历过无数次失败，其中包括他在20世纪80年代中期对《泰晤士报》进行改革的失败，但他却从未在失败中沉沦。对于失败，他曾经说过这样一段话：

"对我来说，一个人是否会在失败中沉沦，主要取决于他是否能够把握自己的失败。每个人或多或少都经历过失败，因而失败是一件十分正常的事情。你想要取得成功，就必须以失败为阶梯。换言之，成功包含着失败。关于失败，我想说的唯一的一句话就是：失败是有价值的。因此，面对失败，正确的做法是：首先要勇于正视失败，找出失败的真正原因，树立战胜失败的信心，然后忘掉关于过去失败的一切，以坚强的意志鼓励自己一步步走出阴影，走向辉煌。"

失败没什么大不了，不过是从头再来。能够这样想的人，心中总有一股强大的信念，必是心胸宽广、眼光高远，他们会将暂时的失败忘记，从失败的痛苦阴影中走出来，从而从容淡定地把握人生方向。

所以，当你遭遇失败时，不妨将眼光放高远一点儿、潇洒自信一点儿，将暂时的失败当成进一步前进的阶梯，这样心灵才不会过于承担重负，才会以轻灵的身姿舞动在通往幸福的路上，为发展积蓄能量，为成功奠定基础。

第六章

从容淡定是一种超脱，一种自由

生活之中，很多事情是不以人的意志为转移的。从容之人决不会担心容颜早逝，不会痛心疾首昨日的失去，不会耿耿于怀他人的成就，更不会忧心忡忡明天的日子，他们知道在纷繁的尘世中，受约束的是生命，不受约束的是心情，他们能让一颗自由之心越过尘世，在广袤的天地间翱翔。

不做"小跳蚤"，内心自然会清静不少

很多时候，让我们疲惫的并不是脚下的高山与漫长的旅途，而是自己鞋里的一粒微小的沙砾。既然如此，我们必须超脱一点儿，不让自己因为一些鸡毛蒜皮的小事去抓狂。这样，没有了一个个"小跳蚤"的骚扰，内心世界自然就会变得清静不少，我们的生活也将随之焕然一新。

生活中，每天都有琐碎的事情发生：当你早上上班挤公共汽车时，有人不小心踩到了你的脚，心情就会变得异常糟糕；在上班的途中遇到堵车，烦躁随之而来；下班途中，汽车的轮胎突然被放了气……这些事看似很小，却像"小跳蚤"一样令我们难以淡定、难以从容。

的确，生活中有许多的小事让人常常感到苦恼、伤心和愧疚。当你越抓狂于这些小事时，内心的苦闷情绪越无法得到释放，也就等于在无形中夸大了小事的重要性，于是，我们的生活很可能就被这些小事情给拖垮了。

像跳蚤一样琐碎的小事，它们的危害就在于虽不致死，却带来了无数肮脏的垃圾，困扰并腐蚀着我们的心灵，打乱我们内心的平静世界，就像著名作家肖剑所说的一句话："很多时候，让我们疲惫的并不是脚下的高山与漫长的旅途，而是自己鞋里的一粒微小的沙砾。"

为了熬出一锅好汤，苏婷邀请邻居陈太太来家里帮忙指导。

当苏婷买齐了食材准备烧水的时候，陈太太却说："这个不锈钢锅不适合熬汤，我还是去买一个陶锅吧，熬出来的汤会味道鲜美一些。"于是，她匆匆忙忙地解下围裙，跑出去买陶锅了。

陶锅很快就买回来了，苏婷正要烧水，陈太太又说："我想起来了，我有一组餐具很配这个陶锅，等我一下，我回家去找找。"然后，她急忙回家翻箱倒柜，忙得一身大汗才把餐具拿过来。

正当烧水之际，陈太太又看了看准备入锅的食材，然后摇摇头说："不行，这些肉切得块太大了，不容易入味，我得把它们切小一点儿才行。"好不容易拿起了菜刀，还没切几下，陈太太又说："这刀不利了，得赶紧磨一磨才好。"

于是，陈太太丢下菜刀，回家把磨刀石拿了过来。等到磨刀石拿过来以后，她又发现要把刀子磨利，必须用木棒固定一下磨刀石才方便，于是她又连忙去外面寻找木棒，结果找了半天都没找到。

在家里等待的苏婷只好先把食材下锅，一边煮一边等。等到陈太太气喘吁吁，手里拿着木棒回来的时候，锅里的食材早已经熟透了。陈太太一阵唉声叹气："哎呀，我这么忙活，怎么还会这样啊？"

这样的小事经常发生在陈太太身上，她感觉自己太倒霉了。这些小事时常影响着她的心情，她的脑子中经常绷着一根弦，每天都处于紧张的状态之中，但是还是会不时地出乱子，她自己都觉得快撑不下去了。

看完这个故事后，很多人肯定会偷笑：天底下怎么会有像陈太太这么愚笨的人呢？但是，回想一下，我们是不是也在犯着和她一样的错误，整天为小事汲汲营营，到头来才发现自己有些小题大做，不过为时已晚，不由得后悔莫及。

对于我们多数人来说，生活都是由无数的小事组合而成的，如果我们过多地拘泥、计较小事，那么，对人生中的一些大事的注意力与处理能力就必然会淡化，甚至是无暇顾及了，这也就意味着我们将会失去更多，触目所及的必然都是烦恼、痛苦、矛盾与冲突，我们的人生也就没有什么意义和乐趣可言了。美国作家梭罗说："我们的生命都在芝麻绿豆般的小事中虚度，毫无算计，也没有值得努力的目标，一生就这样匆匆过去了。"

而且，从医学的观点看，经常为小事抓狂、做"小跳蚤"，对自己的身体也极其有害。比如，《红楼梦》里的林黛玉，虽生有闭月羞花的美丽容貌，但是由于总是斤斤计较、患得患失，常会因为一些芝麻绿豆大的事情而郁郁寡欢、愁肠百结、辗转反侧，最终只能落个"红颜薄命"的悲惨结局。

有一首曾经很流行的《莫生气歌》唱得好："人生像是一场戏，因为有缘才相聚。相遇相知不容易，是否更该去珍惜。为了小事发脾气，回头想来又何必，别人生气我不气，气出病来无人替。我若气坏谁如意，而且伤神又费力。"

既然如此，每当有琐碎的事情发生时，我们就要学会控制自己的情绪与行为，尽力敞开心胸，超脱一点儿，不让自己因为一些鸡毛蒜皮的小事去抓狂，从而腾出更多的精力去放眼世界，把握、拿捏大局。只有眼界放开了、心胸放大了，才能超脱自由地俯瞰万物，不去在意身边琐碎的事情，寻求一片属于自己舒展心灵的天空，内心世界自然也就会变得清静不少，你会惊奇地发现，生活原来是丰富多彩的。

因此，下次遇到不如意、不愉快的事情的时候，学着冷静一点儿，告诉自己："这只是一件鸡毛蒜皮的小事，根本就不值得我去发火，又何必为这些微不足道的小事怒上心头呢？"如此做了，你会发现生活中真的没有什么可气的事情。

放下"不值得"的背负，让自己轻装上阵

天使之所以能够在高空中飞翔，是因为她有双轻盈的翅膀，如果给她的翅膀系上多余的包袱，她就可能再也飞不远了。我们也应该如此，只有及时清理背包里面沉重的负累，才能让一颗自由之心越过尘世，在广袤的天地间翱翔。

西方有一句著名的话："Life is a journey！"也就是说，生命如同一段旅程。在这段旅程中，每个人都背着一个空行囊向前行走。一路上，人们会捡拾

到很多东西：地位、权力、财富、友谊、爱情、责任、事业……

殊不知，如果在往前赶路的过程中，我们不断地捡拾想要的东西，行囊渐渐被装满，于是，背负太多，沉重得让前进的阻力越来越大，我们的身心就会不堪重负，快乐也就渐渐地消失了。

所以，如果你希望自己的人生旅程是快乐而轻松的、人生的姿态是从容淡定的，就超脱、自由一点儿，尽快放下身上的包袱，放下任何"不值得"背负的东西，这样的轻装上阵，将更加快速、顺利地到达成功的彼岸。

一个青年背着一个大包裹千里迢迢跑来找灵智大师，他说："大师，我是那样的执著、坚强，长期跋涉的辛苦和疲惫难不住我，各种考验也没有能吓倒我，但是，为什么我总是找不到心中的阳光，总感到孤独、痛苦和寂寞？"

大师问："你的大包裹里装的是什么？"

青年回答："它们对我可重要了。里面是我每一次跌倒时的痛苦、每一次受伤后的哭泣、每一次孤寂时的烦恼……靠着它们，我才有勇气走到您这里来。"

大师听完安详地问道："每次过河之后，你是不是要扛着船赶路？"

青年很惊讶："扛着船赶路？它那么沉，我扛得动吗？"

大师微微一笑，说："过河时，船是有用的，但过了河，就要放下船赶路呀，否则它会变成我们的包袱。"

青年顿悟，他放下包袱，顿觉心里像扔掉一块石头一样轻松，他发觉自己的步子轻松而愉悦，走得比以前快多了。

故事中这位青年因为不懂得如何放下每一次跌倒时的痛苦、每一次受伤后的哭泣、每一次孤寂时的烦恼……导致内心郁积，经大师指点后，青年终于懂得了只有卸下包袱轻装前行，才能从容淡定地面对一切。

有这样一则故事。

一位年轻漂亮的女孩欲投河自尽，恰巧被打渔的老艄公发现了，老艄公把她救上船，问："你年纪轻轻，干嘛要寻短见？"

这位漂亮的女孩哭诉说："我男朋友抛弃了我，找了别的女人，我是那么的爱他，可他却说不爱我了。你说，我活着还有什么意思？"

老艄公又问:"以前你没有这个男朋友时,生活得怎么样?"

女孩回答:"没遇见他时,我生活得无拘无束、自由自在。"

"那时,你有男朋友吗?"老艄公又问。

"没有。"

"你现在只是被命运之船送回了认识你男友前,你瞧,你现在又可以自由自在、无忧无虑了。"老艄公呵呵一笑。

女孩一听,犹如醍醐灌顶,心里顿时明亮了,她谢过老艄公,挥了挥手,轻松上了岸。

在现实生活中,你是否检查过自己身上有形或无形的"背包"呢?你知道自己的背上扛了多少无价值的、不必要的包袱?你准备还要扛多久?你是否时常会感觉内心沉重、身心俱疲呢?

每一个人都经常会有这样的感触:有些事情明明已经过去许久,却不时在脑中闪过并在心里激起波浪;成败得失、伤痛烦恼深刻于心,时时让自己背负无形的枷锁,整天精神恍惚、心力交瘁,这样的生活,怎会让人感到快乐?

放下身上的这些包袱,丢弃掉那些多余的负担,丢掉那些旧的恐惧、旧的束缚、旧的创伤,放下任何"不值得"你背负的东西,把不该记忆的事如流水般忘掉,让自己拥有一副愉悦、轻松的身心。

要知道,天使之所以能够在高空中飞翔,是因为她有双轻盈的翅膀,如果给她的翅膀系上多余的包袱,她就可能再也飞不远了。我们也应该如此,只有及时清理背包里面沉重的负累,才能让一颗自由之心越过尘世,在广袤的天地间翱翔。

有这样一则故事。

刘老头是一位古董收藏爱好者,几乎到了如痴如醉的地步,他家里堪比一个古董店。尽管如此,刘老头每次碰到心爱的古董,即使无购买能力,他也会想尽一切办法得到它,可见其痴迷程度。

这天,刘老头在古董市场上花大价钱买下了一件自己向往已久的青花瓷盆，他把这件宝贝绑在自行车后座上，便高高兴兴地骑上车回家，谁知，行至半路，突然听到"咣当"一声，青花瓷盆从自行车后座上滑落下来，摔得粉碎。

后面骑车的路人赶紧停了下来，他以为刘老头肯定会从自行车上跳将下来，对着已经化为碎片的瓷盆扼腕痛惜。但令人意想不到的是，刘老头连头也没回，继续向前骑车。

路人很不解，便快蹬了几下，追上刘老头大声喊道："老人家，你的瓷盆摔碎了！"

刘老头仍然头也不回，只是侧身和热心人笑着说道："听声音一定是摔得粉碎了，我回头看一看它又有什么用呢！再怎么呼天抢地、再怎么责怪自己也于事无补，瓷盆还是不会自动复原的，干嘛还费这个力气？"

尽管青花瓷盆是刘老头的最爱，但是当得知青花瓷盆被摔碎之后，他没有扼腕痛惜、痛心疾首，甚至不曾回头看一眼，这种洒脱的心态使他瞬间便成为了从容淡定的人，拥有了让人羡慕的威仪和吸引力。

生活之中，很多事情是不以人的意志为转移的。如果把一切都牢记于心，那么我们的思想就会增加多种负担。所以，我们应及时忘记该忘记的，甩掉"不值得"背负的包袱，让身心轻松上路，心无挂碍、洒脱地走好人生的每一步。

人生没有这么多的"如果"

人生没有那么多的"如果"，过去的已经成为历史，已经不能挽回，再也找不回来了，唯一的办法就是爬起来，拍拍身上的灰尘，重新走上人生的旅途。既然付出了就要无悔，不要再让"如果"的事故继续重演下去。

人们总在说："如果时光可以倒流，我将会如何如何……""如果我当初不那么做就好了……"其实，我们都明白很多事情是不以人的意志为转移的，人生唯一无法选择的就是没有如果，不能后退，只能前行。

过去的已经过去了，也成为过去式，并不代表现在，更不能代表未来，已经不能挽回，再也找不回来了。所以，对过去或哀伤遗憾、或留恋沉迷，除了劳心费神、分散精力之外，没有一点儿益处。

开弓没有回头箭，人生能有几回搏。一位哲人也曾这样说过："未来的种子深埋于过去的时光里，如果你不能正视自己的过去，很难让你的现在和未来开花结果，这可能会导致更多、更大的不幸。"

有一位妇人，她在上街的时候，不小心丢了一把雨伞，就因为这一件小事情，她一路上都十分懊恼，还不停地责怪自己："我怎么如此的不小心，如果我多留点儿心的话，或许雨伞就不会丢了……"

等回到家之后，这位妇人才发现，由于太专注自己已经丢失的那把雨伞，在仓促与不安中，她居然又一不小心把自己的钱包也弄丢了。她后悔地说："如果我那会儿不那么关注雨伞的话……"但是，人生没有如果。

读过禅学的人知道，"境"是由"心"而生，并且由"心"而灭的，但我们绝大多数人"境"灭而"心"不灭，境况大为不同时，心中却还在念念不忘，因此就有了刻舟求剑、守株待兔的典故。

人生没有那么多的"如果"，过去的已经成为历史，你可以设法改变以前所发生事情产生的后果，但不可能改变之前发生的事情，唯一的办法就是"不要为打翻的牛奶哭泣"，爬起来拍拍身上的灰尘，超脱地重新走上人生的旅途。

有这样一个故事，名字就叫《不要为打翻的牛奶哭泣》。

在美国某个中学里，保罗博士在任教期间发现这样一个问题：班上的许多学生都会为已经出来的成绩而感到不安。他们总是在交完考卷后充满了忧虑，或者是在发下试卷后对自己的分数不满。

为了开导这类同学，保罗博士给他们上了这样一堂难忘的课。

一天，保罗博士把这类学生召集到实验室，在给他们讲课的过程中，他把一瓶牛奶放在桌上，沉默不语。学生们不明就里地看着老师，不知道这瓶牛奶和他们要上的这节课有什么关系，只是静静地听课。

忽然，保罗博士站了起来，一巴掌将那瓶牛奶打翻在地上，并大声喊道："不要为打翻的牛奶哭泣！"

学生们都很惊讶，觉得牛奶就这样浪费掉太可惜了。

这时候，保罗博士一字一句地说："我希望你们永远记住这个道理：牛奶已经流光了，无论你们怎样后悔和抱怨，都没有办法取回一滴。如果你们可以事先加以预防，想一些保住那瓶牛奶的方法，那还是有意义的。可是现在一切都晚了，你们能做的就是汲取这次的教训，然后便把它忘记，开始注意下一件事。"

由此可见，不要为打翻的牛奶哭泣。

事实上，人生短暂，过往如烟云，一切都要自己选择。幸福与否，也全在我们的一念之间，超脱地面对尘世间一些哀伤与泪水，携带一些微笑与淡然上路，才能迎来更为光辉灿烂的明天，才不会有"如果"的遗憾。

怀揣着一份创业的梦想，窦磊靠着几年工作一分一厘攒下来的积蓄，又从朋友那里筹借了点儿钱,注册了自己的"广告制作中心",其实就是一个小小的工作室。他原本以为自己策划、制作广告的能力很棒,谁知业务并不好做。窦磊不停地去跑业务,一天要跑十几家企业,但每次都吃了"闭门羹"。

工作室已经开办两个月了,没有拉来一笔业务,用钱的地方又非常多,窦磊翻出所有的存折和现金,发现只有2000多元了,最后他只得把自己租住的单间退掉,和一个相熟的朋友合租一间房。

这时候,朋友劝说窦磊还是关掉工作室,重新找一份安稳的工作,但窦磊知道人生没有如果,背水一战的自己已经没有任何退路了。他又向朋友借来一些钱,不停地去跑业务,即使在最炎热的夏季里,他也骑着那辆破旧的自行车,一家企业一家企业地去谈,每天要跑20家左右。

经过半年的艰苦奋斗,终于"守得云开见月明",窦磊的制作中心渐渐地开始有订单了。在窦磊的广告制作中心发展到第4个年头的时候,已经摇身一变成为了"窦磊广告公司",注册资金为50万元。

每当有亲朋好友问及窦磊这几年的创业经历,他总是淡淡一笑,意味深长地感慨道:"生命的价值是要靠你去改变的,当你作出了选择的时候,你就要承担起对它的责任,因为生命只相信你自己,而不是'如果'。"

记住,生命的道路是艰辛的、崎岖的,但又是那么令人向往与期盼的,"不要为打翻的牛奶哭泣",不要被过去的事情所影响,着眼于现在和将来,既然付出了就要无悔,这样才能阻止"如果"的事故继续重演下去。

顺其自然，才会显得从容不迫

生命中有很多东西是不能强求的，也是强求不来的，不如超脱与自然一点儿，顺其自然、随遇而安，你会发现，即使事情不照自己的计划进行，地球也会照样转，生活也会照样继续，如此，你不仅能活得从容淡定，而且还会获得意外的惊喜。

命运常常喜欢和我们作对，当你决定挖空心思去追逐一件东西的时候，它总是想方设法捉弄你，不能让你如愿以偿。这个时候，有些人不懂得超脱一点儿，脑子里好像缠了一团毛线，越想越乱，越乱越想，最终会产生郁闷、焦虑、激愤等情绪，心有滞碍。显然，这种人是不够从容淡定的。

有一则寓言，或许人人都能从中得到启示。

有一只小猫，不停地追着自己的尾巴转圈，最后筋疲力尽地躺在地上喘气。

一只老猫看见了，便问道："你为什么要追自己的尾巴呢？"

小猫叹了一口气，回答道："主人告诉我，假若我可以追到自己的尾巴，我便能永远得到幸福和快乐，所以我才不停地追逐自己的尾巴，现在我累得筋疲力尽，但是我还是没有抓住我的尾巴。"

"傻孩子，"老猫说道，"我在年轻的时候，也听主人说过同样的话，所以，当初我也与你一样为了追到自己的尾巴把自己搞得筋疲力尽，而从来没有感到快乐和幸福，后来我放弃了。当我着手做自己的事情的时候，才发觉尾巴总是形影不离地伴随着我，幸福和快乐原来就在后面跟随着我！"

古人常说："天行有常，不为尧存，不为桀亡。"这句话的意思就是：生活有着自己的发展规律,不会因为任何人而改变。外表再好不过是皮肉而已,老了还是长满皱纹;财富再多不过是身外之物,死了还是空有躯壳……

我们都非常熟悉《揠苗助长》的故事,故事中的那个宋国人,急于让禾苗长高,居然擅自把禾苗给拔高了,因为违背了自然规律,结果不仅没有帮助禾苗生长,反而把禾苗都害死了。

既然如此,我们又何必去百般思量、苦苦苛求呢?不如超脱自由一点儿,顺其自然、随遇而安。最终你会发现,即使事情不照自己的计划进行,地球也会照样转,生活也会照样继续,你不仅活得从容淡定,而且还会获得意外的惊喜。

在山间的一座寺庙里面,住着一个老和尚和一个小和尚。三伏天里,禅院的草地成片成片地枯黄了,小和尚对老和尚说:"快撒点儿草籽吧!好难看哪!"老和尚挥挥手说:"等天凉了再撒,随时!"

到了中秋,老和尚买了一包草籽,叫小和尚去播种。秋风刮起,将撒下的草籽吹得满天飞散,小和尚既着急又苦恼地跑进屋对老和尚说:"师傅,草籽被风都吹走了。"老和尚回答:"没关系,被风吹走的都是空的,即便撒下去也发不了芽。担什么心呢?随性!"

草籽撒上了,一群小鸟飞来了,在地上专挑饱满的草籽吃。小和尚看见了,大喊道:"不好了,撒下的草籽都被小鸟吃了!"老和尚慢悠悠地说道:"没关系,草籽多,小鸟是吃不完的,随缘!"

半夜下起暴雨来,小和尚急忙穿衣出禅房,对着师父的房门喊:"师傅,不好了,草籽被雨水冲走了不少。"老和尚连眼睛都没有睁,淡然地说:"不用着急,草籽冲到哪就在那里发芽,随缘吧。"

不久,许多青翠的草苗破土而出,原来没有撒到的一些角落里居然也长出了许多青翠的小草,一片生机。小和尚看到了,高兴得直拍手,甚至跳了起来,老和尚却面不改色地点点头,说道:"随喜。"

故事中,老和尚讲的"随",就是指顺其自然。顺其自然是一种顺应天命、随遇而安的人生态度。正是由于老和尚具有这种随遇而安的处世心态,才会时时显得从容不迫。

生活中，我们可能会经常感叹命途多舛，甚至抱怨时代不公，总是被"梦想与现实为什么总存在着差距"的苦恼所困扰。这不是因为我们没有迈动脚步，而是我们缺乏顺其自然的生活态度，一味地去强求，只会更步履维艰。

换句话说，上天既然给了我们生命，我们就应该活出它的价值，一切顺其自然、随遇而安，不必去在意那些身外之物，不去强求那些不属于自己的东西，这样才能得心应手、一路通畅，体现出自我的真正价值。

无论是对于生活，还是工作中的事情，我们都不必刻意强求，而是应顺其自然，尽其所能而为之，才会感受到生活和工作的乐趣与意义。

顺其自然并非消极地等待，更不是听从命运的摆布，它更多的是一种超脱自由的生活态度、一种内心上的安定和淡然，凡事不必刻意强求，就像小草自然地发芽、生长一样，不受尘世的任何束缚和约束。

就像电影《阿甘正传》里的"傻"阿甘那样，有一天，他忽然想跑步，于是他就兴高采烈地跑了起来。有一天，他不想跑了就转身而去，也不管身后有多少"追随者"、有多少评论。

当一个人能淡定自若地笑看潮起潮落、超脱自由地掌控自己的生活，就是他个人内心的一种成功，亦会发现"沉舟侧畔千帆过，病树前头万木春"！

面对一条无路可走的死胡同，
必须赶紧放弃

许多人之所以找不到正确的方向，正是因为不舍得放弃，坚持一条道走到底，结果走入了一条无路可走的死胡同。人生百味，何必苦守一处风景？审时度势、勇于放弃，也许就有"柳暗花明又一村"的景象。

在前进的道路上，我们选定了自己的目标后，不懈地坚持下去是一种执著的精神，这种精神对于实现自己的目标是必不可少的，但是，生活中很多事情是不以人的意志力为转移的，过于执著未必是好事。

大西洋中有一种鱼，长得极为漂亮，银肤、燕尾、大眼睛。因为平时都生活在深海之中，所以不易被人捉到。但是它们会在春夏之交逆流产卵，会顺着海潮漂流到浅海。这时候，它们极易被渔民捕到。捕捉它们的方法很简单：在一个孔目粗疏的竹帘下端系上铁块，放入水中，由两个小艇拖着。

这种鱼的"个性"极为要强，不爱转弯，即便是闯入罗网之中也不会停止向前游。所以，它们会"前赴后继"地陷入竹帘孔中，帘孔随之也会紧缩。竹帘缩得愈紧，它们就愈激怒，会更加拼命地往前冲，结果却被牢牢地卡死，最终成群结队地被渔民所捕获。

我们人类又何尝不是如此？过于执著的人顽固、偏激、冥顽不灵、不懂得变通，无论再怎么努力也达不到既定的目标，但却因不舍得放弃而固执地坚持着不该坚持的，明明方向并不正确，却坚持一条道走到底。

殊不知，一味地坚持、刻意地执著，就会变为一种盲目的固执与任性，有失理智。我们的忧郁、无聊、困惑、无奈、一切不快乐，都和我们不够超脱自由、不够从容淡定、坚持一条道走到底有关。人生最大的悲哀就在于，轻易地放弃了本该坚持的，却固执地坚持了本该放弃的。

王诺诺全身心地爱上了一个已婚男人，这样的恋情自然遭到了父母的反对，但王诺诺不惜和父母闹崩，离家独居。王诺诺从22岁等到了26岁，耗费了4年的美丽青春年华等待着男人来风风光光地迎娶自己。

而那个男人呢，许诺的离婚竟遥不可及，像水中月一样，看得见却触及不到。朋友们都劝王诺诺：分了吧，你有多少青春年华可以这样等待？还要等多久？她态度坚决地说："不！我要一直等下去。"

渐渐地，王诺诺开始变得不平、愤懑、幽怨，她有时会自卑地问朋友们："难道我真的没有他老婆好？不如她漂亮、贤淑？"她有时还会神经质地穿上尽可能夸张的衣服，去酒吧喝个通宵，有时又会在街上突然大哭不止，把路人吓一大跳。

于是王诺诺的心情很不好，工作也干不好，她觉得自己的人生一团糟，但是她还是不肯放弃他。

死守着一份不属于自己的爱情，在那里苦苦挣扎，让自己心力交瘁、身心疲惫，是折磨自己也是折磨他人，还有可能错过很多原本属于我们的爱情，从而也阻断了追求真爱的路，徒增伤害，何必苦守？

这种坚持一条道走到底的心态又何止体现在感情方面？生活中有太多无须过于坚持的东西，如一个不适合的职位、一项力不从心的事业等，许多人之所以找不到正确的方向，正是因为不舍得放弃，坚持一条道走到底。

何必要走一条无路可走的死胡同？要知道，及早走出这条死胡同，才能有新的发现、新的开始，你才有可能绝处逢生。这正好应了文学大师斯宾塞·约翰逊曾经说过的那句话："越早放弃旧的奶酪，你就会越早发现新的奶酪。"

明白的人懂得放弃，真情的人懂得牺牲，淡定的人懂得超脱。每个人都有很大的发展领域，不必固守一处，赶紧放弃，及时回头，对自己的生活进行重新定位，需要放弃曾经坚持的东西。自古文人雅士的飘逸，无不印证了这一点。

蒲松龄，清初山东人。由于出生于一个逐渐败落的中小地主兼商人家庭，家境优越，蒲松龄自小志存高远，安心预习学业，以图通过科举功名而一展雄才，但其命运不济，4次赶考都落第了。

蒲松龄没有像《儒林外史》中的范进一样继续自己的科举梦想，他意识到自己不适合科举考试，于是果断地放弃从官之路，立志要写一部"孤愤之书"。他在压纸的铜尺上镌刻一副对联，上云："有志者，事竟成；苦心人，天不负。"以此自敬自勉。

后来，一部著名的文言文短篇小说集《聊斋志异》终于写成。随着《聊斋志异》的广泛传播，蒲松龄的声望与人脉日渐扩大，受到了众文人官士的认可和青睐，过上了平淡安逸的自由生活。

蒲松龄虽然试举落第，与仕途无缘，但他没有在从官之路上一条道走到黑，而是懂得适时地放弃从官之路，弃官从文，并在这条新开辟的方向上实现了飞黄腾达的梦想，为后人留下了宝贵的精神财富。

由此可见，人生并非只有一处辉煌，没有必要一味地坚持，审时度势、当机立断，作出有智有勇的取舍和选择，也许就有"柳暗花明又一村"的景象。比如，放弃那些没有结果的爱情，以免独自饮泣；放弃那些无法胜任的职位，以免心力交瘁；放弃无法实现的空虚梦幻，以免徒劳无益。

放弃一条无路可走的死胡同，走向生命的开阔之处，也就成就了整个人生的超脱自由。

洒脱，就是只做自己能做的事

那些活得洒脱自如、从容淡定的人，不是因为他们的才能而辉煌，而是由于他们能够把握得住"可为"和"不可为"的界限，专注于做自己能做的"可为"之事，成功便不再复杂，人生便不再纠结。

在实际生活中，很多人都曾面临过这样一个困惑：同样一件事情，为什么别人做得顺风顺水、洒脱自如，自己却力不从心，甚至步履艰难？在寻找这个问题的答案之前，请你先问问自己，你是否在做自己能做的事情？

那些活得洒脱自如、从容淡定的人，不是因为他们的才能而辉煌，而是由于他们能够把握得住"可为"和"不可为"的界限，专注于做自己能做的"可为"之事，成功便不再复杂，人生便不再纠结。

有一位登山运动员，他曾经有幸参加了攀登珠穆朗玛峰的活动。珠穆朗玛峰最高海拔为 8844.43 米，当他爬到海拔 6400 米的高度时，他的身体出现了严重不适，不得不停下来，返回了基地。

事后，许多朋友都替他惋惜，很多人说："已经走了 3/4 的路程了，你为什么要放弃呢？如果能咬紧牙关挺住，再坚持一下，或许也就爬上去了。要知道，有多少人梦寐以求站在珠穆朗玛峰上啊！"

可是这位运动员却不以为然，他平静地说："不，我自己最清楚，6400 米的海拔高度是我登山生涯的最高点，如果我再攀登的话，可能就会丧命。所以，对此，我一点儿都不会感到遗憾。"

林肯总结自己一生的经历时得出这样的结论："自然界里的喷泉高度不

会超过它的源头。"任何事情都存在突破口,但很多事情是不以人的意志力为转移的,不是任何人都能够穿越突破口,抵达更高的层次。

也就是说,每个人在做事的时候都会有自己的极限,即最大的承受能力。对于这位登山运动员来说,6400米就是他的极限和最大的承受能力,他懂得保存自己的实力,淡然自若地只做自己能做的事,谁又能说,他不是一位真正的胜利者呢?

有时,我们标榜克服困难、挑战极限,从中体味英雄主义般超越自我的"悲壮"。但静心沉思,有时候是我们人为地把本来简单的事情"演绎"得复杂了。三百六十行,难道我们无法在任何一个领域里发展得较为顺利吗?

当行则行,当止则止,每个人都应该及时了解自己的能力和局限,并且承认自己的能力和局限。能够做到量力而为、恰到好处,就能使自己生活得更加超脱,让自己有限的生命显得从容淡定、自由自在。

例如,办企业的人没有去炒股或者投资房地产,那是因为他们知道自己的能力范围是办企业,其他的领域就是他们极限范围之外的了;进行金融投资的人没有去办企业,那也是因为他们只做自己能做的事。

要想把自己能做的事情做到极致,你首先要了解自己的优点,了解自己的长处,然后制订出可行的目标与方向,并将其充分地发挥出来。不过,为了更好地认识自己,我们往往需要经过很多次尝试,以奥运会金牌得主、著名的美国跳水运动员格里格·洛加尼斯为例。

格里格·洛加尼斯小时候是一个非常害羞的男孩,又有点儿口吃,他在阅读与讲话方面不尽人意,还曾被归入学习最差学生的行列。为此,他经常受到同伴的嘲笑和作弄,这令他心里很不愉快。

不过,洛加尼斯是一个聪明的人,通过一段时间的思考后,他发现自己的天赋在运动方面,而不是学习。认清这点后,他减轻了些自责,并开始专注于舞蹈、杂技、体操和跳水方面的锻炼,由于自身的天赋和努力,洛加尼斯果然开始在各种体育比赛中崭露头角,获得了同学们的尊重。

在上中学时,洛加尼斯发现自己有些力不从心了,因为无论是舞蹈、杂技、体操、跳水，都需要辛勤地付出，他不可能有这么多时间和精力去做这么多事，常常感到力不从心，而且这些事情自己仅仅能做到差不多，离优秀还有一段距离。后来，在恩师乔恩——前奥运会跳水冠军的指点下，洛加尼斯认识到自己在跳水方面更有天赋，便接受了跳水专业训练。

经过长期的努力，洛加尼斯终于在跳水方面取得了骄人的成就：16 岁成为美国奥运会代表团成员，28 岁时已获得 6 个世界冠军、3 枚奥运会奖牌、3 个世界杯和许多其他奖项；1987 年作为世界最佳运动员获得欧文斯奖，达到了一个运动员荣誉的顶峰。

若在学习上与别人竞争，过许多年也不过是个普普通通的学生，洛加尼斯认识到了这一点，于是，他开始留意自己的长处，重在找自己的核心竞争力所在，并最终赢得了从容的人生。这也证实了一个不争的事实：好钢用在刀刃上，才能发挥其最为锋利的特性，其价值才能得到最大的体现。

无论在职场也好，商界也罢，最大限度地发挥自己的长处，只做自己力所能及的事情，即使没有包揽事事，却也收获了一份内心的充实与坦荡，也就会获得"个性化"的成功，获得优雅而洒脱的生活。

明白了这个道理，在现实生活中，努力地发现自己的长处，你就会收获优雅而洒脱的生活。

在人生的储蓄卡上，
请记住不要预支烦恼

今天有今天的事情，明天有明天的烦恼，很多事无法提前完成。不要想太多有关明天和未来的事，不预支预想出来的明天的烦恼，由此，便能获得内心的平静，体味到生命的淡然与从容之美。

生活之中，很多事情是不以人的意志为转移的。但是，现实生活中，很多人却不懂得这个道理，总是心神不宁地担心着明天，企图把人生的烦恼都提前解决掉，以为那样就能彻底地摆脱烦恼，过上自由自在的生活。

在日常生活中，你是否有过类似的经历：夜很深了，你会情不自禁地为明天各种各样的事务所忧虑，一串串的思绪在大脑中东飘西荡地翻滚起来：明天早上能够准时醒来吗？明天上班路上会不会堵车？要是迟到了怎么办？明天的粮食会不会涨价？……

但是，这个世界上有太多的事情是无法提前预支的，这样忧虑是否能够改变明天的状况呢？下面的故事能给我们一些启迪。

有位小和尚，每天早上的主要任务就是清扫寺庙中的落叶。

清晨起床扫落叶是一件极为辛苦的差事，尤其在每年的秋冬之际，只要一起风，树叶就会随风飞舞落下。这样，小和尚每天都需要将大部分的时间花在清扫落叶上，这令他头痛不已、愁眉不展。

后来，一位老和尚问清原因后，告诉小和尚说："想省些力还不简单，只在明天打扫之前先用力摇树，尽可能地把更多的树叶摇下来，后天就可以不用那么辛苦去花费那么多精力打扫落叶了。"

小和尚觉得这真是个好办法，于是隔天就起了个大早，按照老和尚所说的方法使劲地用力猛摇树，他心里想着这样就可以将今天与明天的落叶一次性都清扫干净了，所以，他一整天都极为开心。

第二天早晨，小和尚起床后推开门，不禁呆住了：昨天扫得很干净的院子里，仍然一如往昔地落叶满地，他还是要扫明天的落叶。

这时候，老和尚走了过来，摸摸小和尚的脑袋，意味深长地说："傻孩子，不管你今天用多大的力气把树叶摇落并扫掉，明天的落叶还是照样会飘下来。明天的忧虑明天再想，让自己稍微轻松一些吧。"

今天有今天的事情，明天有明天的烦恼，很多事无法提前完成，如果不能超脱淡然一点儿，总为了明天而烦恼，过早地被将来烦扰，是对自己心力的无端耗费，就会在无形中给心理施加压力，让自己觉得活着步履艰难，人生既辛苦又乏味。所以，在人生的储蓄卡上，请记得不要预支烦恼。

实际上，等明天的烦恼真的来了，再去考虑也为时不晚。别忘了人们常说的那句话："车到山前必有路，船到桥头自然直。"唯有如此，在面对任何困难时，我们才能坦然而从容地去面对、去解决。

更何况，想象出来的烦恼比实际发生的更可怕，但它们也许只存在于自我的想象中，并不会真的出现。在一篇名为《99%的烦恼其实不会发生》的文章中，"二战"战士、美国作家布莱克伍德就有过一段这样的经历。

布莱克伍德的生活几乎是一帆风顺的，即使遇到一些烦心事，他也能从容不迫地应付。但是，1943年夏天，因为战争的到来，世界上绝大多数的烦恼几乎在一时间都降临到布莱克伍德的身上，令他苦不堪言。

布莱克伍德坐在办公室里为这些事烦恼，无奈之下，他决定把它们都列在纸上：

1.我所办的商业学校，因为男孩子都入伍作战去了而面临严重的财务危机。很多在兵工厂上班的女孩子挣的工资也比从我们学校毕业的女生高得多，女生都不愿意来学校上学了。

2.儿子在军中服役，生死未卜，和天下所有的父母一样，我和妻子无时无刻不在为他担心。

3.渴望上大学深造的女儿提前一年高中毕业，上大学需要一大笔费用，可是我这个当父亲的却是囊中羞涩。

4.俄亥拉荷马市征收土地建造机场，我的房子就位于这片土地上，而土地和房产基本上属于无偿征收，而赔偿费只有市价的1/10。

布莱克伍德苦想对策，但都没有想出好的解决办法。最后，他只好将这张纸条放进了抽屉。一年半之后的一天，在整理资料时，布莱克伍德无意中又发现了这张已经不记得自己写过的纸条。

布莱克伍德说道："我以前也听人们谈起过，世界上绝大部分的烦恼都不会发生。对此我一直不太相信，直到我再看到自己这张烦恼单时，我才完全信服。"原来，那些烦恼和担忧没有一项真正发生过。

原来，政府开始拨款训练退役军人，布莱克伍德的学校不久就招满了学生；他担心自己的儿子在战争中受伤，可最后他毫发无损地回来了；他发现担心女儿的教育经费凑不齐，可他找到了一份兼职的稽查工作，解决了这个难题；他担心土地被征收去建机场，可后来因为住房附近发现了油田，他的房子没有被征收。

最后，布莱克伍德得出了一个结论："其实，99%的预期烦恼是不会发生的，为了根本不会发生的情况饱受煎熬，真是人生的一大悲哀！"后来，他还根据此事写成了《99%的烦恼其实不会发生》这本书。

事实上，生活中99%的预期烦恼都是不会发生的。当我们再被明天的烦恼羁绊，感觉似乎全世界的重担都压在自己肩膀上时，不妨告诉自己："现在我不要想这些烦恼的事情，等明天再说，毕竟明天又是新的一天，而且我怎么知道我所担心的事情就真的会发生？"

的确，很多事情是不以人的意志为转移的，当事情还没有发生的时候，我们不必徒然地担忧。就算我们所担忧的事情真的发生了，也可能因为一些其他的事情而改变,让事情朝着好的方向发展。

　　活着的本分就是做好今天的事情,明天永远是未知的,把今天的事情做好,便是为明天的工作提前做好了准备。这正如《圣经》里的那句话:"不要为明天忧虑,明天自有明天的忧虑,一天的难处一天当就够了。"

　　所以,不要想太多有关明天和未来的事,不预支预想出来的明天的烦恼,抱着一颗超脱自由的心,便不会再有那么多的繁杂思绪来充斥着内心,由此,便能获得内心的平静,体味到生命的淡然与从容之美。

活在当下,让每一刻都美好

　　逝者不可追,来者犹可待,最珍贵、最需要珍惜的即是当下,生命的意义就是由每一个唯一的刹那构成的。所以,我们不必一味地留恋或抱怨过去,也不必一味地对未来充满憧憬或失望,只要活在当下就足够美好了。

　　著名作家斯宾塞·约翰逊写过一本名为《礼物》的书。

　　有一个孩子问一位充满智慧的老人:"世界上有最珍贵的礼物吗?"老人回答道:"有!世界上最珍贵的礼物可以让人生获得更多的快乐和成功,可这个礼物只有依靠自己的力量才能找到。"

　　于是,这个孩子从童年到青年,踏遍千山万水,用尽所有的办法四处找寻这个最珍贵的礼物,可是他越拼命寻找,越感到生活得不快乐,而他生命中那个最珍贵的礼物自始至终都没有出现。

　　到后来,气急败坏、心生绝望的年轻人决定放弃,不再没有目的地追寻世界上最珍贵的礼物了,而此时他赫然发现,苦苦寻找的东西原来一直在自己的身边,这个人生最好的礼物就是"此刻"。

世间最珍贵的是什么?此刻、现在、当下。可惜,我们中的不少人却不懂得这个道理,总是想着未来更美好的东西或者只将眼光放在失去的东西上面而忽视我们当前所拥有的此刻,如此,我们的心便永远处于浮躁的状态。

实际上,无论未来将会怎样,抑或过去曾经怎样,结果都是相同的:我们因为没有关注当下而错失了最真实的现在。请记住这样一句话:你虚度的今天,正是昨天死去的人们无限向往的明天。

一位名人曾经说过:"昨天的痛,已经承受过了,有必要反复去兑现吗?明天的痛,尚未到来,有必要提前去结算吗?只要肯用行动去充实生命中的每一个'今天',勇敢向前,机会就会在柳暗花明间。"

这段话说得真是太棒了,虚度了现在,也就在不知不觉中丧失了过去和未来。不管你是哪个年龄段的人,这段话都可以提醒你,让你时刻用行动去解除内心的种种忧虑,认真地过好眼前的每一刻。

时间是由无数个"当下"串联在一起的,每一个瞬间、每一个当下都将是永恒。所以,当下的每一件事都要认真地去做。当我们吃饭的时候,要认真地吃饭,不要管自己在吃什么;当我们玩乐的时候,要快乐地玩乐,而不要管在玩什么。

有一句话说得好:"何必眉不开,烦恼无尽时,一切命安排,当下最悠哉。"做人就应该活在当下,只要心存着对过去、未来的一份美好的感恩,生活就会过得安然而超脱,也就到达了人生从容淡定的新境界。

黛比今年已经50多岁了,可是最近她身心倍受打击,倒霉的事情接踵而至:丈夫刚去世不久、儿子又坠机身亡。一连串的打击让她的心都碎了,她不知道今后的路自己能否坚持走下去,整日郁郁寡欢。

一段时间后,为了生存下去,黛比打算重新到外面找一份工作,但是当这个念头冒出来的时候,连她自己都震惊了:我已经50多岁了,谁会给一个老妇人提供工作机会呢?即便有人愿意,一个50多岁的老妇人能干些什么呢?

她不停地担心别人嫌她老、担心别人嫌她动作迟缓、担心自己无法承受别人要求的工作强度……这一系列的担心更让她怀念过去、怀念丈夫在世的岁月，由怀念而生悲痛，又重新陷入丧夫的阴影中不能自拔，结果她病倒了。

了解到黛比的病情和生活情况后，主治医生对黛比说："你的病情太严重了，需要长期的住院治疗，但是你又没钱……我看这样吧，从现在开始，你可以在本院做零工，每天打扫病人的房间，以赚取你的医疗费用。"

黛比心想：反正没有比这更好的活法了，而且就目前的情况来说，自己似乎根本别无选择。于是，她开始手握扫帚，每天不停地忙碌着。慢慢地，她不再担心什么，内心也恢复了平静，因为她实在太忙碌了。

寂寞、担忧被驱除了，黛比的身体也逐渐好了起来。3年的时间里，由于经常接触病人，黛比对病人的心理了如指掌，后被院方聘任为陪护，贫穷也开始向她挥手告别，她觉得自己新的人生要开始了。

如今，63岁的黛比已经成了该医院的心理咨询师，她办公室的墙上有这么一句话："昨天已经过去，明天尚未到来。只要肯用行动充实生命中的每一个'今天'，勇敢向前，机会就在柳暗花明间。"

天地万物，自然轮回，我们生活在这样的一个空间内，必然要遵守生老病死、稍纵即逝的规律，不要再为已经失去了的东西而感到难过，不要再为明天的事情而杞人忧天，珍惜当下所拥有的，相信此刻才能享受到生命最真实的幸福。

美国著名教育家戴尔·卡耐基的作品影响了全世界数以万计的人。在《人性的弱点》一书中，他给那些生活在苦恼中的人们制订了一份计划，这份计划的重点就是：用行动去充实每一个"今天"。

今天，我要用行动来提升我的心灵。

我要学习，不让心灵空虚。我要阅读有益身心的书籍，提高我的修养。

今天我要做3件事：我要默默地为某个人做一件好事，我还要做一件我以前不愿做的事、一件不敢做的事。做这些事的目的，只是为了锻炼我的勇气和勤勉，让我不致懈怠。

今天我要让自己看起来更美丽。我要穿着得体、举止大方、谈吐优雅。我要多予赞赏,少作批评,不让自己抱怨,不去挑任何人的毛病。

今天,我要全心全意地只过好这一天,不去想我整个的人生。一天工作12个小时固然很好,可如果想到一辈子都要这样度过,我自己都会觉得恐怖。

今天,我要制订计划,我要计划每小时要做的事。可能不会完全按照计划实现,但我还是要计划,为的是避免仓促和犹豫不决。

今天,我要给自己留半个小时的时间静息片刻,思考一下我的人生。

今天,我要很开心。只有现在的行动才能给我带来无尽的幸福和快乐。

……

因为只有"今天"才是你可以把握的,充分利用好"今天",你将会做许多事情,而且还可以做得很好。为此,学着超脱一点儿,享受此时此刻的生活吧,让内心获得平静和充实,让生命显得淡定和从容。

第七章

从容淡定是一种简约，一种精进

从容淡定，并非不思进取、消极厌世、慵懒沮丧、驻足不前。从容淡定的人会参透世事，化纷杂为简单。无论从事何种工作，都会固守一方可耕作的田园，辛勤劳作，永不停歇。

没有人无所不能,请放弃"超人"的想法

> 没有人是三头六臂、无所不能的,即使再优秀的人,他们的精力和体力都是有限的,放弃"超人"的想法,让自己从过度紧张的生活中解脱出来,怀着心无旁骛的从容淡定,就能过上松弛有度、安然洒脱的日子。

不少人有这样一个误区,特别是一些管理者,他们往往会像"超人"一样大包大揽身边的事情,凡事必须事必躬亲、亲历亲为,认为这样才是最踏实、效果最好的。真的是这样吗?

事实上,没有人是三头六臂、无所不能的,即使再优秀的人,他们的精力和体力都是有限的,如果不肯放弃"超人"的想法,让自己背负的角色越多,对苦闷的体验也就越敏感,身心疲惫而沉重,就很难享受到从容淡定的人生。

作为 IBM 公司的总裁、美国商场上呼风唤雨的大人物,密密麻麻的事宜日程塞满了汤玛士·华生的每一分钟,他非常热爱自己的工作、热心公司的大小事情,因此生活得忙碌而紧张,情绪整天紧绷着。

后来,汤玛士·华生感觉到生活如同失去了重心,每天都心神不宁……先是嘴上起泡,接着是出现各种上火症状,后来胃也开始不舒服了,血压也持续升高,而这加剧了他工作上的失误。

到医院一检查,汤玛士·华生被诊断出罹患心脏病,医生建议他要多注意休息,但他心里放不下公司,仍不知疲倦地坚持工作。一段时间后,在一次工作中,他突然旧病复发,被送往医院进行治疗。这次,医生严肃地说:"我认为,你现在必须马上住院治疗,如果再耽误的话,你将会有生命危险,后果不堪设想。"

华生一听,如晴天霹雳,他立刻焦躁地说:"那哪行!我们公司可不是一

个小公司，我又是公司的总裁，我每天承担着巨大的工作量，有忙不完的工作等着我去做，现在我怎么能安心住院呢！"

医生无奈地看着华生，没有再进行劝说，只是邀请华生一起出去走走。华生不明白医生的意思，但他还是接受了邀请。当两人走到一个郊区的墓地时，华生更不明白医生到底想做什么了，他困惑地看着医生。

医生指着坟墓，轻轻地说："你我总有一天要永远躺在这儿，对吗？那时候，因为你的离开，公司就不照常运作了吗？公司就会关门大吉了吗？"

听完这番话后，华生站在那儿沉默不语，思索良久："是啊，我每天忙忙碌碌，将公司里的大小事情都包揽下来，这就是我觉得越来越累的原因吧？！如果我离开了，我的工作会有人接手来做，而公司依然可以照常运转。"

的确，任何一个人的能力和精力都是有限的，企图让自己包揽下所有的活，怎能不心受折磨？认识并接受了这样一个事实后，我们便懂得凡事不要苛求自己，抱着一种顺其自然的心态去努力，有所作为的同时，也有所不为。

这并非不思进取、消极厌世、慵懒沮丧、驻足不前，而是让我们真正从过度紧张的生活中解脱出来，进而怀着心无旁骛的从容淡定过上松弛有度、安然洒脱的日子，很多事情也便自然能够水到渠成。

著名的设计师安德鲁·伯利蒂奥就是因为放弃了"超人"的想法，最终不仅活得逍遥自在，而且取得了斐然的业绩，让公司在自己的掌管下蒸蒸日上的。下面，让我们来看看他是如何做的。

著名的设计师安德鲁·伯利蒂奥曾经以为自己是个无所不能的"超人"，他除了每天进行设计和研究工作外，还负责公司制度制订、考勤等很多方面的事务，几乎公司的每一件工作他都要亲自参与。

"为什么你的时间总是显得不够用呢？"有人问。

安德鲁无奈地说："因为我要管的事情太多了！"

整天忙得晕头转向，作品的质量却常常不尽如人意，也没有取得令人骄傲的成绩，安德鲁对此很不解，便去请教一位教授。教授给他的答案是："你大可不必那样忙，关键在于分清工作内容的主次。"

听到这句话的一瞬间，安德鲁醒悟了。原来，一直以来，他将很大一部分时间都浪费在管理其他七零八落的事情上，而最重要的设计工作反而只能占用一小部分时间，由于时间紧凑，作品的质量自然受到了很大影响。

从此，安德鲁调整了时间分配，他洒脱地把那些无关紧要的细小工作交给助手去做，自己则把时间集中用在设计工作和思考如何实现与重要客户的交易，以及公司如何能够获得最大利益等方面。

当然，公司并没有因为安德鲁的"撒手不管"而乱成一团糟，或者颓废不前，相反，它焕发出了鲜明的活力，在设计界的地位越来越重要。而安德鲁逍遥自在，却业绩斐然，写出了建筑界的"圣经"——《建筑学四书》。

转移一部分职责，生活渐趋平缓，事业仍然保持蒸蒸日上，心灵也获得了平和与安宁。安德鲁的事例告诉我们，要学会抓住最重要的事情做，而其他的小问题则可以暂时先放在一边，或者交由他人处理，剔除"不能"之后，剩下来的往往才是一个人最有可能、最有所作为的方面。

不管你的地位有多高，也不管你有什么样的成就，承认自己的能力有限，放下一些不必要的事情，你会发现：再繁琐的事情也能够化纷杂为简单。如此一来，你不想获得从容淡定的人生都难了。

做好人生的加法，更要做好减法

一个人的精力有限，不断地给自己加码，拥有的外在的东西太多，就会成为心灵的负担。要想活得从容淡定，拥有幸福的人生，就要简约一点儿，做好人生的"减法"，不断剔除那些令自己感到困扰和烦恼的东西。

生活在这个繁杂的世界上，为了赢得理想的事业，获得幸福的人生，每一个人都在拼命地追赶，不断地给自己加码，没钱的人想有钱，有了钱想要更多的钱；想升职加薪，升职加薪后又想自己当老板……

但是，一个人的精力毕竟有限，不断地给自己加码，拥有的外在的东西太多，就会成为心灵的负担。回想一下，当你拥有得越来越多时，你是不是发现自己的情绪变得压抑了？生活变得沉重了？淡定和从容离自己远去了？

"智慧的艺术，就在于知道什么可以忽略"。心理学先驱威廉·詹姆斯如是说："天才永远知道可以不把什么放在心上！"著名的美籍华裔数学家陈省身先生也曾经有一个有趣的"数学人生法则"，即提出人的前期应该是用加法生活，后期要学会用减法来生活。

所谓"加法生活"，就是我们需要不断地从这个世界上收集一些东西，如夫妻情感、家庭幸福、工作经验、财富或者名誉等，但到了一定阶段后，事业有成或者力不从心之时，就要做好人生的减法，勇于舍弃一些东西。

舍弃意味着失去，于是那些希望多涨薪水、多做些成就、多结交几个朋友、多几分幸运的人便谈"减"色变、患得患失。殊不知，只进不出，他们的人生银行早晚有塞不进去的时候；只加不减，也早晚会有被彻底压垮的一刻。

在这里，我们打一个很形象的比喻：人的心就像一幢新房子，刚搬进去的时候，都想着要把所有的家具和装饰摆在里面，结果到最后却发现这个家摆得像胡同一样，反而没有自己舒服待着的地方。

人的心灵如果被所得堆得太满，最后就会为其所累。在人生的道路上，要想感受到心灵的轻松，就要有选择、有目的地剔除一些多余而繁冗的事物。这样，才能在喧嚣与躁动的时代中找到一片属于自己内心的宁静之所，很多事情才得以释怀。

做好人生减法，并不是要我们没有原则地一味放弃外在的物质，而是去粗取精地简约和精进，即剔除那些令自己感到困扰和烦恼的东西，从混乱无章的感觉中解脱出来，让自己的心灵平静下来，回归一种简单的生活。

可以说，几乎每一个生活在现代社会中的人都有过这样的经历：手机短信的收件箱满了，屏幕上方的那个邮件小标识会一闪一闪的，似乎在提示着机主必须删除一些收件箱的短信，才有空间接收新来的下一条短信。

给人生做减法,是对自己重新进行整合,是参透世事、等待时机、蓄势待发,是为了更长远的进步,是为了更广阔、更持续的拥有。

当你拥有的东西越来越多时,请记得适时地给自己的人生做一道减法。你会发现,自己的心灵更容易平静下来,你会在人生的舞台上拥有一个更加充实、坦然和轻松的转身,生活得更从容、更淡定。

今天的低头,是为了明天的抬头

低头是为自己做了一个休养生息、养精蓄锐的"缓冲",唯有低头乃能出头。我们要想在社会上生存,要想在事业上发展,该低头时就低头。在低头那一刻,坚信将来总有一天,你的头会高高昂起。

设想一下,眼前是一扇比你身高低的门,你该怎么进去?相信每个人都知道当然是走进去,可我们若是直直地走进去,定会撞到脑袋,所以,我们要先低头,进去了再抬头。低头,是为了更好地抬头。

有这样一个故事。

有一次,年轻的富兰克林去拜访一位德高望重的导师。他年轻气盛,于是挺胸抬头地迈进大门,还未进门,他的头就狠狠地撞在门框上,疼得他一边不住地用手揉搓,一边看着比他的身子矮一大截的门框。

出来迎接的导师看到富兰克林这副样子,微笑着对他说:"很痛吧?可是,这应该是你今天拜访我的最大收获。要记住:一个人要想平安无事地活在世上,就必须时刻记住,该低头时就低头,这也是我要教你的事情。"

从此,富兰克林牢牢地将导师的教诲铭记心头,并把"记得低头"作为自己为人处世的座右铭,以谦诚之心做人处世,以至于成了美国著名的政治家、科学家，他起草了《美国独立宣言》，被称为美国之父。

富兰克林的导师说的"记住低头"这4个字寓意深远、发人深省，告诫世人学会低头，以谦诚之心做人处世，才能努力端正自己的言行，处理好一切事情，才会平安无事、一路走好，从而赢得最终的成功。

反之，把头昂得过高、眼睛朝上、目空一切、从不懂得"低头"看路的人，其结果往往是到处碰壁，跌个头破血流、鼻青脸肿，也极易遭受忌妒和陷害，容易树敌太多，从而让人生之路步履艰难。

大学毕业后，林岚幸运地进入一家报社工作。林岚本就是学中文出身，再加上她精力充沛，领导交代的任务，每一次她都能出色地完成。但是，她有一个毛病，就是不懂得低头，总想压别人一头。

无论走到哪里，林岚都是一副高傲的姿态，显得自己高人一等似的。当别人的工作出现问题时，她总会用夸张的语气说道："不会吧，那么容易的事情也会出错？"当别人指出她的方案有问题时，她第一个反应是："那也没办法呀，因为我提出的方案通常都是最好的嘛，何况你们提不出比我更好的办法。"

渐渐地，同事们谁都不愿意和林岚一起工作了。有些老员工开始讥讽林岚："这刚来几天啊，她就开始在公司耍大牌，当是在自己家里呀，真是不知天高地厚。"后来领导又找林岚谈话："你还年轻，有了成绩不能骄傲啊，否则就会犯大错……"尽管语气很委婉，林岚心里还是很不是滋味儿。

一段时间后，公司组织全体工作人员进行互相评论的活动，并决定提拔得分最高者为新主管。林岚的得分最低，她心里很不平衡："我能力很出众，做事尽职尽责，可他们为什么对我的评价这么差？"

不可否认，年轻人通常都是有才气、有信心、敢闯敢干的人，他们有一股"初生牛犊不怕虎"的勇气和精神，这是值得肯定的，但是，面对前辈和同事，应该调整心态，把头低下来，保持一副低姿态。

事实上，越是有涵养、有头脑的人，为人处世就越是保持低姿态，越有可能获得从容淡定的人生。只有那些没有多大本事却自以为是的浅薄之人，才会到处自我标榜、趾高气扬，一副高高在上的姿态。

这不禁让人想起了农田里的稻谷,民间有谚语说:"低头的是稻穗,昂头的是稗子。"越成熟、越饱满的稻穗,头垂得越低,只有那些空空如也的稗子,才会招摇显摆,始终把头抬得很高。

在无知或一知半解的时候,低一下头,虚心向别人请教,才能获得自己需要的知识;当生活的重荷负载太多的时候,低一下头,卸去那份多余的重担,生活才能轻松愉悦;面对自己的错误和不足,低一下头,正视并改正自己的错误,才能走上正确的道路。

唯有低头乃能出头。我们要想在社会上生存,要想在事业上发展,该低头时就低头。低头,就能巧妙地穿越荆棘与坎坷,迎接无限风光,活得从容而淡定。

那些成功者之所以取得成功,在于他们懂得低头、适时地低头。他们知道,低头只不过是做了一个休养生息、养精蓄锐的"缓冲"而已。在低头那一刻,坚信将来总有一天,他们的头会高高昂起。

德国青年罗纳尔松大学毕业时,他的父亲已经是德国很有名气的电器商人了。父亲并没有直接给罗纳尔松安排做经理、总监之类的工作,而是让他到一家名不见经传的小分厂上班,并说:"到了工厂,要学会低头,如果你不想成为孤家寡人的话。"

罗纳尔松没有忘记父亲的谆谆教诲,他没有以自己是电器商儿子的身份自居,对工人们摆出一副高高在上的姿态,而是从最底层的零件打磨、组装等工作做起,他谦恭地对待周围的人,遇到什么问题都虚心地向工人们请教,就连看门的老头儿也成了他业余闲聊的伙伴。久而久之,工人们也都不把他当做电器商的儿子,有什么问题总喜欢和他共同探讨,罗纳尔松因此受益匪浅。

这样没过几年,罗纳尔松便对电器行业的人事、产品及其流通、销售等情况了如指掌,而且再加上广大员工们对他的热情拥戴,他的父亲终于决定将公司的经营权移交给他。之后罗纳尔松凭借工作经验和员工们的鼎力支持,将公司发展得非常好,他成为了德国电器行业举足轻重的人物。

"是金子总会发光"，只要你能、只要你行，即使你总是"低着头"，别人也会发现你、欣赏你。因此，在人生的舞台上唱低调，在生活中保持低姿态，把自己看轻一些，实质上你不会损失任何东西。

总之，低头并非妥协，而是一种从容淡定的姿态、一种以退为进的智慧，还是一种参透世事、化纷杂为简单的智慧。今天的低头是为了明天的抬头。

"退"是为了更好地"进"

有一位名人说过这样一句话："用争斗的方式，我们永远得不到满足；但是用退让的方式，我们得到的会比期望的更多。""退"就是"进"，退一步是为了积蓄更多的力量而前进所做的准备，就意味着往前更进了一步，如此，我们何乐不为呢？

生活中，人们常常赋予前进者以勇者的赞誉，因为"进"代表着激昂向上、积极进取的人生态度。但是，在人生的道路上，我们一定要懂得"退"、舍得"退"，让自己"停下来"或"退几步"。

不要怀疑，后退表面看是怯懦的表现，但深深地蕴含着智者的用心。有时候"舍"就是"得"，"退"就是"进"，退一步是为了积蓄更多的力量而前进所做的准备，暗藏着更有效的前进。

下面是一个比较典型的事例。

春秋时期，楚庄王为了增强自己的势力，发兵攻打庸国。由于庸国奋力抵抗，楚军一时难以推进，楚将杨窗也被俘虏了。3天后，由于庸国的疏忽，杨窗竟从庸国逃了回来，他对楚庄王说明了庸国的情况："庸国人人奋战，如果我们不调集主力大军，恐怕难以取胜。"

楚将师叔出了一个主意，建议用佯装败退之计以骄庸军，从而再去进攻他们，因此师叔带兵进攻。开战不久，楚军佯装难以招架，败下阵来向后撤退。这样一连几次，楚军节节败退，庸军七战七捷，不由得骄傲起来，军心麻痹，士兵们渐渐松懈了斗志，对敌人的戒备也放松了警惕。

在这种情况下，楚庄王率领增援部队赶来，师叔说："我军已7次佯装败退，庸军已十分骄傲，现在正是发动总攻的大好时机。"于是楚庄王下令兵分两路进攻庸国，此时庸国将士正陶醉在胜利之中，怎么也想不到楚军会突然发起进攻，庸国士兵仓促应战，抵挡不住，结果庸国被一举消灭。

在这个故事中，楚国为了战胜庸国，采取了退让的方法。退本身并不能说明他们胆怯弱小、消极作战，相反，他们是为了积蓄能量，更好地进攻；退一步便可以创造更好的机会，最终他们获得了胜利。

在古代，民间英雄打虎时，极少有人直接与虎正面恶斗，而是在老虎凶猛地扑过来时，灵活躲避，如此绕几个回合后，等老虎的元气大减、体力和智力大为削减，再向老虎发起进攻，捕杀老虎就会变得容易许多。

在生活中，有了退让，我们就不会被认为是一介粗鲁的武夫；有了退让，我们就不会被认为是一条莽撞的汉子；有了退让，我们就会有广阔的人缘，我们的人生道路就会更加宽广；有了退让，我们的天空就会一片晴朗，因此，我们每个人都应该学会退让。

实际上，在我们的生活中有很多以"退"为"进"的事例：体育竞赛中的足球、篮球赛，当进攻受阻，球员往往是将球后传，谋取更有效的进攻，获取"破网"的收获；汽车驾驶员在泊车时，有时也需要准确地后退，才能将车停在安全的位置；车辆起步时，有时也需要后退，才能把车驶上前进的道路……

当然，生活中的为人处世更是如此。在进退两难的时候，如果一味地向前横冲直撞，不仅事情办不成，还会导致意想不到的后果。而懂得退让，待到关键时刻再勇往直前，未尝不是一种解决问题的有效途径。

在竞争激烈的现代社会，能够主动退却、寻找或创造市场机会的人更是杰出的人才，他们通过一定程度上的"退"，通常可以以退为进，使胜算倍增，甚至转败为胜，进而赢得从容淡定的人生。

铃木集团成立于 1920 年，1952 年开始生产摩托车，1955 年开始生产汽车，如今是日本著名企业之一，向全世界的客户提供优质产品。但在创业之初，这家公司却遇到了不小的麻烦。

有一次，铃木集团总裁铃木太郎与西门子进行商务谈判，双方陷入了困境，原因是西门子公司坚持技术使用费提成率要占到销售总额的 9%，铃木太郎不赞成这一提案，建议将提成率降低到 5%。

虽然西门子公司答应了铃木太郎的请求，但是合同文本的主动权掌握在他们公司手中，不仅许多条款都是偏向自己公司的，而且他们又提出了新的要求，即把技术转让费定为 60 万美元，并且要一次付清。

作为弱势的铃木公司，只能听从西门子公司的摆布，但是，当时铃木电器公司的总资本不超过 4 亿日元，而 60 万美元的技术转让费相当于两亿日元，这笔沉重的技术转让费对于刚刚起步的铃木公司来说是一个相当沉重的负担。

巨额的费用，让铃木太郎陷入了两难的选择。如果答应，公司必将陷入财务危机，一场灾难势必在劫难逃；如果不答应，公司就会失去一次发展壮大的好时机。在这种形势对自己十分不利的情况下，铃木太郎高瞻远瞩地指出，退一步海阔天空，懂得退让才知进取，于是他大胆接受了西门子公司的苛刻条约。

由于铃木公司从西门子公司那里获得了最新研究成果，所以，当时世界上最先进的科技成果，几乎都有铃木公司的参与，这为它的发展打下了坚实的基础。可以这样说，双方的合作使铃木公司开始确立了国际大公司的地位。

表面上看，一开始，铃木集团做出了妥协和让步，似乎处于弱势，但事实证明，铃木太郎才是这场没有硝烟的战争中最大的赢家。如果不是这次退让，那么铃木集团很难成为如今全球知名企业之一。难怪有人说："用争斗的方式，我们永远得不到满足；但是用退让的方式，我们得到的会比期望的更多。"

总之,退是为我们下一次的进步积蓄力量。暂时地退让,我们不会损失什么东西,却可以让自己远离人际纷扰与困境,赢得更多的财源和人缘,最终以退为进。既然如此,我们何乐而不为呢?

只选择一个目标,简约才是福

如今社会上机会多多,但如果我们既想要这个,又想要那个,反而容易犹豫不决、见异思迁、走上迷途。此时不妨选择一种简约的方式,摒弃机会的诱惑,只选择一个目标盯紧它,全力追赶它,反倒容易获得内心的祥和,时时淡定安然。

随着年龄的增长,人们单纯的面貌和健康的身心开始变化,变得或是唯唯诺诺、谨慎小心,或是狰狞怒目、霸道无理,活得不够从容淡定。于是,人们又开始抱怨社会的复杂、感叹自由的不再……

是我们拥有的太少吗?不!是我们追求的太多。其实,世界的本质从来都没有变,变的只是复杂化了的人心。选择越多,摇摆越强烈,而这些"更多的选择"正是因为我们内心设立了太多的目标。

我们不妨来看一个寓言故事。

在某个旅游区的森林中,生活着一群活泼可爱的猴子。每天当太阳升起时,它们会从洞中爬起来外出觅食、玩耍,当太阳落山时,他们又会自觉回到洞中休息,日子过得极为平静而快乐。

这天,一名旅客在游玩的过程中不小心将手表掉在了森林中,恰好被猴子豆豆捡到了。聪明的豆豆很快就搞清楚了这个"战利品"的用途,也就自然掌控着整个猴群的作息时间,并凭此成为了猴王。

当聪明的豆豆意识到是这只手表给自己带来了好运后, 就每天花大量的时间在森林中寻找，希望自己可以得到更多的手表。功夫不负有心人，聪明的豆豆终于又找到了第二块甚至第三块手表。

但出乎意料的是，当面对3块手表时，豆豆反而有了新的麻烦和痛苦。原来，由于某种原因，每块手表所显示的时间并不是分秒不差的。如此一来，豆豆根本不能确定哪块手表上显示的时间是最正确的。

每次当其他猴子们来问时间的时候，豆豆总是支支吾吾回答不上来。一段时间后，豆豆在猴群中的威望大大降低，整个猴群的作息时间也变得一塌糊涂，最后豆豆被大家推下了猴王的位置。

拥有一块手表，猴子豆豆可以明确地知道时间，但当面对两块甚至更多块手表时，它反而迷失了时间，给自己带来了无尽的烦恼和痛苦。如此说来，真的是选择越多，就越容易犹豫不定，随之而来的烦恼也就越来越多。

在这个世界上，值得追求的东西很多，如果我们既想要这个，又想要那个，追求无谓的繁杂，终会一无所有，将自己置于痛苦之中。正如隋朝天台智者大师所说："一切诸佛土，实皆平等。但众生根钝，浊乱者多，若不专系一心一境，三昧难成。"

因此，午夜时分，我们可以和自己的心灵对一对话，那时聆听到的声音一定是最真实也是最本初的渴望。然后，不受其他目标的诱惑，简约一点儿，只选定一个目标，盯紧它，全力追赶它。

只选定一个目标并不是清心寡欲、一味追求清贫的生活，它是避开纷争、去粗取精、去繁就简的过程，正如尼采所说："如果你是幸运的，你必须只选择一个目标，或者选择一种道德而不要贪多，这样你就会活得有意义些。"

选择一个专一的目标，让自己没有太多的私心杂念，如此才不致使自己在众多的选择面前无所适从，如此才能把心力尽可能用在与目标相关的事情上，从而获得内心的祥和，处处淡定安然，这也是成功道路上站稳脚跟的基础。

20世纪80年代，有一位在国内有一定影响力的花鸟画家，他16岁时就举办了个人画展，其多幅作品被选送至日本、意大利、美国、法国、前苏联等国展出,被誉为"画童"、"小天才"。

在一次画展招待会上,有人问画家:"现在的画家很多,你是如何从众人中脱颖而出的呢?期间的过程是不是很不容易?"

画家微笑着摇摇头,回答:"一点儿都不难,而且我差一点儿当不了画家,小时候我兴趣非常广泛,也很要强,画画、游泳、拉手风琴、打篮球,样样都必须得第一才行。这当然是不可能的,有段时间我心灰意冷。"

众人都很好奇,画家解释道:"老师知道后,找来一个漏斗和一捧玉米种子,让我将双手放在漏斗下面接着,然后捡起一粒种子投到漏斗里面,种子便顺着漏斗滑到了我的手里。老师投了十几次,我的手中也就有了十几粒种子。然后,老师一次抓起满满的一把玉米粒放在漏斗里面,玉米粒相互挤着,竟一粒也没有掉下来。"

顿了顿,画家接着说道:"经老师提点后,我放弃了游泳、篮球等,这大半辈子都只坚持学习画画,这也许就是我画画比较好的原因吧。我想,如果我当初什么都学习的话,可能现在我什么都不是。"

有的人做了一辈子事儿,却没有一件能让人记住的;但有的人一辈子只做了一件事儿,就让人记住了。成功其实不是什么难事儿,最重要的就是你要能够收住心,能专心于一个目标。这名画家正是因为目标专一,创造了奇迹。

这个道理,好比狮子追赶猎物。狮子会盯紧前面的目标穷追不舍,即使身边出现其他猎物,比前面的猎物离它更近,它也不会改换目标。这是为什么呢?狮子追赶猎物,不仅是速度的较量,也是体能的较量。只要盯紧前面的目标,当猎物跑累了,十有八九会成为狮子的美餐。如果狮子改换目标,新猎物体能充沛,跑得会更快、更持久,捕捉到的可能性更小。如果狮子不断更换目标,累死了也可能不会有收获。

总而言之,如今社会上机会多多,但过多的选择机会反而容易使人见异思迁、走上迷途,我们要克服机会的诱惑,选择一种简约的方式,坚持一个目标,并努力去实践它。

舍弃虚无的幻想，看清生活的模样

"只会想象而不去行动的人，只会产生无尽的思想垃圾。成功是一架梯子，双手插在口袋里的人是永远不可能爬上去的。"将自己的身心置于实实在在的现实中，如此思想才不容易被一些烦杂的事情所缠绕，才能最终达成自己的目标，活出真实的自己。

在我们的心底，总有各种各样的幻想："我渴望一个白马王子出现在身边"、"我希望拥有一辆好车"、"我一定要成为某方面的专家，在该领域内做出最大的成就"、"我祈祷明年公司会给我加薪"……

拥有一些幻想，可以激励着我们前进，激励着我们追求幸福、追求美好。可是，如果我们分不清幻想和真实的区别，一味地陷于其中，那么就是在给自己的思想增加负担，我们不仅感受不到生活的美好，还会失去心中原本的那一抹宁静。

有一个年轻人，每天都想着怎样一举成名，想了很多方法，但是从来没有认真做过一件事。他只是执著于每天的空想之中，两年过去了，还是一点儿成效也没有。为此，他非常烦恼，也极为焦虑。

有一天，他在散步的时候，偶然间遇到了一位名扬天下的智慧大师，于是，他急忙走上前，请教大师："您是如何名扬天下的？我每天都在想如何成名，想了许多的方法，但为何一点儿成效也没有？"

智慧大师了解了他的心理，问道："你是否真的很想出名？"

"对啊！我连做梦都在想。"年轻人忙不迭地回答。

大师轻轻一笑,不慌不忙地说:"等你死后,你很快就会出名了。"

年轻人很是吃惊,急忙问道:"为什么我要等到死了以后才会出名呀?"

大师回答道:"因为你一直想拥有一座高楼,可是从没有动手去建造这座高楼。所以,你一辈子都生活在空想之中,等你死后,人们就会经常提起你,以告诫那些只会做白日梦、不肯动手去做事的人,如此你就名扬天下了。"

年轻人听后,红着脸低下了头。

要知道,幻想是内心不切实际的、非理性的空想,而我们身边的一切皆来自于真实的生活,执著于空想只会给自己平添无尽的麻烦和烦恼,让心灵永远被烦杂的思想所缠绕,使自己陷入无限的焦灼状态之中,最终会越来越不敢去面对现实的压力,永远也达不到想要的结果,收获虚无的人生。

所以,心中充满了对美好生活的幻想和憧憬不是错,但是,我们也要学会适当地去忘记这些幻想和憧憬,将自己的身心置于实实在在的现实中,如此思想才不容易被一些烦杂的事情所缠绕,看清生活的模样,活出真实的自己。

年轻的时候,卢卡总是幻想自己能做一个旅行家去登上高山、穿越海洋;幻想自己拥有一辆赛车,享受风驰电掣的快感;幻想娶到一位美丽善良的妻子,并能跳出优美的舞蹈、能唱出悦耳的歌声……

然而,一次意外,卢卡受了重伤,他只能在轮椅上度过自己的余生,他再也不能登山,不能到海上航行,不能自由地开赛车,他还与一位姑娘结了婚,那个姑娘长相普通,也并不能歌善舞。

幻想一个个破灭了,卢卡心中极为不快,整日郁郁寡欢。

后来,一位来看望卢卡的朋友告诉他:"从前的幻想只是源于内心的一种非理性的想法。每个人都不可能预测到未来会是什么样子,只有及时将之忘记,才能开始更为精彩的新人生。"

听了朋友的话,卢卡有些释然:是呀,眼睛只盯着虚无的幻想,只是在浪费当下的时光,只有专注于当下才有可能使幻想最终成为现实。后来,卢卡努力忘记曾经的那些幻想,专注于享受当下,他顿时感到生活充满了阳光。

幻想与现实的距离有时仅一步之遥，唯有行动可以改变你的命运。要想让自己的心灵不再烦恼，要想让幻想变为现实，唯有立马去行动，将你的幻想变成切实的行动，这是解救自己的唯一方法。

正如诺贝尔文学家获得者赛珍珠所说："我从来不去刻意地等待好运的来临。如果你一味地等待，不仅不能完成任何事情，还会使你的内心陷入无比的焦灼之中。我们必须要记住，只有动手才能有所收获。"

杨波是被公认的有才华之人，但是他于重点大学毕业已经四五年了，还没有做出任何成绩，不免感到有些怅然若失。原来，杨波是典型的爱幻想者，他经常大谈特谈自己的梦想，却从来没有付出过任何行动。

有一天，杨波到摩天大楼的工地拜访一位衣着华丽、口叼烟斗的建筑承包商。中途，他请教承包商："先生，我已经工作四五年了，但是终无所成，内心异常地焦虑，请问我如何才能像你一样有所作为呢？你是怎么成功的？"

"我是怎么成功的？"承包商沉默了一会儿，随后给杨波讲了一个小故事。

在一个开凿渠道的工地上，有两个工人。一个整天都懒洋洋地拄着铲子，不肯干活，天天用不屑的口气说，自己将来一定要做老板；而第二个工人从来没说过什么话，只顾每天埋头努力挖渠道。两年以后，第一个工人仍旧在拄着铲子，依然每天都在不停地嚷着自己以后一定要当老板；而第二个工人，最终不仅成了那家公司的大老板，而且还让公司的发展更上了一层楼。

"你明白这个故事的寓意吗？"承包商问道。

杨波满脸困惑地摇摇头。

"年轻人，不要再将自己置于幻想之中了，还是好好埋头苦干吧。"承包商说道，"我就是那第二个工人，我一直想做老板，于是我非常卖力地工作，表现得比所有人都好，不久老板升我当工头，后来我存够了钱就自己做老板了。"

听君一席话，胜读十年书，杨波清楚地认识到了自己的致命弱点，自此他开始踏踏实实地工作，3个月后，业务已经开展得相当不错，让周围的朋友对他刮目相看。谈及自己的成功，杨波这样说道："过去只是活在空想的世界中，把所有的事情都想得复杂化了，其实，当我真正付诸行动后，才知道很多事情并没有自己想的那样复杂……烦杂的思想有时候真的可以成为你成功道路上的阻碍。"

因此，切不可等待着幸运会从天上掉下来，或者等待着别人能够拉自己一把，那些最终功成名就、活得从容淡定的人都是用行动解决问题的人，他们将幻想和憧憬付诸于实际的行动，并最终达成自己的目标，活出了真实的自己。

将你的身心置于切实的行动之中吧，无论何时，你都要牢记英国人布莱克的嘱咐："只会想象而不去行动的人，只会生产无尽的思想垃圾。成功是一架梯子，双手插在口袋里的人是永远不可能爬上去的。"

第八章

从容淡定是一种品位，一种情趣

从容淡定的人会营造良好的精神家园，懂得生活情趣：他们会博览群书、钟爱艺术、侍弄花鸟虫鱼等，自得其乐。有亲近自然之心，必然能珍爱阳光雨露，能聆听天籁之音，能欣赏鸟语花香，能拥有碧海长空。

拥有一颗平常心，咀嚼生活的原汁原味

平淡生活的人能达到一个极高的境界，也能拥有最为真切的生活。那些从容淡定的人，懂得生活的真正意义所在，会用一颗平常心去对待生活，营造良好的精神家园，咀嚼生活的原汁原味，感悟生活的真正之美。

生活可以很复杂，也可以很简单，关键是我们以哪种心态去看待它。那些从容淡定的人，懂得生活的真正意义所在，会用一颗平常心去对待生活，咀嚼生活的原汁原味，能感悟生活的真正之美。

平常心看似平常，其实不平常。拥有平常心的人，就是指在生活中随缘而安、纵然身处逆境仍从容自若的人；纵使身居显赫，他们也不嚣张跋扈。以超然的心情看待人生，这正是心理学中的最高境界，谁能说这不是一种从容淡定之美呢？

每天早起、上班、下班……我们多数人在多数时间可能都生活在这种按部就班、周而复始的平淡状态之中，这就是生活的常态。但是，有些人却总是不甘心过如此风平浪静、波澜不惊的生活，总觉得这样体现不出自身生命的精彩来，为此都极为烦恼。

其实，这些人都是庸人自扰之。平淡的日子并不可怕，可怕的是我们感觉不到真情的存在。事实上，一顿简单的晚餐、一句温馨的问候，甚至一条简短的短信就能够满足我们，让我们感受到幸福所在。

平平淡淡才是原汁原味的生活，才是富有品位和情趣的生活。所以，我们没有必要用别墅、汽车、金钱、珠宝这些看似光彩夺目、诱惑人心的东西给生活披上一件件奢侈的外衣,拥有一颗平常心足以。

事实上,能够守着一颗平常心的人,无论他的生活条件如何,无论他是做什么工作的,他都能够在普通或者不普通的生活、工作中营造良好的精神家园,懂得生活情趣,感受着生活的美好。

秦澜是一家家政公司的部门经理,她的工作能力毋庸置疑。经过几年拼搏,秦澜年薪百万,并拥有了一栋豪华住宅,但是她时常觉得生活异常枯燥、痛苦,因此寝食不安、闷闷不乐,她觉得等将来更有钱了,一切就好了。

有一天,秦澜去乡下旅游,她看到一家做豆腐的穷夫妇,他们穷得只剩下光秃秃的四面墙了,每天都要从早忙到晚,不停地做豆腐、卖豆腐,但是他们的脸上常常挂着微笑,孩子们也在笑声中玩耍,皆没有因为家境贫寒而闷闷不乐。

秦澜觉得很奇怪,便非常不解地问这位妻子:"你们这么穷,为何还这么快乐?"

这个女人放下手中的活,用极轻松的语气回答道:"我们是没钱,但为什么不快乐呢?想着我们一家人可以整天在一起劳动,父老乡亲可以享受我们的美味食品,我们又可以交到很多的朋友,我们为什么要觉得不快乐呢?"

秦澜听后怔住了,惊诧不已,思索良久……

在这个事例中, 年薪百万的部门经理与顶多满足温饱的乡下豆腐女相比,物质上显然不成比例,但在精神的愉悦上,前者并不见得会比后者开心。豆腐女一家之所以快乐,正是因为他们拥有一颗平常心,过着一种快乐而纯粹的人生。

一位饱经沧桑的哲学家说过这样一句说:"年少的时候, 总是觉得人生应该像大海一样波澜壮阔,才不枉走一生。但经过几十年的风风雨雨之后才恍然大悟:人生中精彩的事情占5%,痛苦的事也占5%,剩余的90%则全部都是平淡。"

为此,我们可以说,平淡是生活的本质。既然如此,我们又何必为了那仅仅5%的精彩而整日劳累奔波?为了那5%的痛苦而不停地怨天尤人,却忘记了在这 90%的平淡中享受生命的快乐与幸福呢?

平淡是一个极高的境界,也是最为真实的生活。有首歌这样唱道:"曾经在幽幽暗暗、反反复复中追问,才知道平平淡淡、从从容容才是真。"那些体验了世间百味、经历了无数荣誉的人似乎更深知平淡的妙处,向往平平淡淡的生活。

弘一法师,俗名李叔同,清光绪年间生于富贵之家,是一位才华横溢的艺术家,是名扬四海的风流才子,集诗词、书画、篆刻、音乐、戏剧、文学等于一身,在多个领域中开创了中华灿烂文化之先河,用他的弟子、著名漫画家丰子恺的话说:"文艺的园地,差不多被他走遍了……"

但是,正当盛名如日中天、正享荣华之时,李叔同却彻底抛却了一切世俗享受,到虎跑寺削发为僧了,自取名法号弘一,落尽繁华,归于岑寂。出家24年,他的被子、衣物等一直是出家前置办的,补了又补,一把洋伞则用了30 多年。所居寮房,除了一桌、一橱、一床,别无他物;他持斋甚严,每日早午二餐,过午不食,饭菜极其简单。

弘一法师以教印心、以律严身,内外清净,写出了《四分律戒相表记》、《南山律在家备览略篇》等重要著作。他在宗教界声誉日隆,一步一个脚印地步入了高僧之林,成为誉满天下的大师、中国南山律宗第十一代宗师。正因为如此,对于李叔同的出家,丰子恺在《我的老师李叔同》一文中说:"李先生放弃教育与艺术而修佛法,好比出于幽谷、迁于乔木,不是可惜的,正是可庆的。"

前半生享尽了荣华富贵,后半生却剃度为僧。这种变化,在常人看来觉得不可思议,甚至在心理上难以承受,而弘一法师却以平常心淡定自然地完成了转化,淡然地享受着"绚烂之极归于平淡"的生活,并获得了人生的极致绚烂。

持有一颗平常心不是懦夫的自暴自弃、不是无奈的消极逃避、不是对世事的无所追求,而是一种淡泊名利、不为世事所惑的品位,是一份淡淡的快乐、淡淡的宁静,在平淡中享受生活真谛的情趣,找寻生命最真实的姿态。

记得我国台湾作家林清玄在一篇文章里写过这么一段话:"平常心是无

心的妙用。心里想着要睡一个好觉的人往往容易失眠，心里计划着要有一个美好人生的人总是饱受折磨……唯有内外都柔软、不预设立场的人，才能一心一境、情景交融，达到身心一体的境界。"

有人说"现在人们最短缺的不是物质，而是一颗平常心"。我们暂且不判断这句话的正确与错误，但至少这是对平常心的一种呼唤，因为有了一颗平常心，我们有了良好的精神家园，也更容易体会到从容淡定之美。

感悟平常心，让我们拥有勇者的从容、智者的淡定，顺其自然地享受美好人生吧。

你学会独处了吗

独处是心灵休憩的需要、是一种淡然从容的生活态度。学会独处是一种进步、是一种成熟、是一种理智。诚实地面对自己的内心，用独处的时间照顾好自己，尽情地享受独处的好时光吧。

在生活中，我们每个人都难免遇到一个人孤零零的时候。这时候，你是怎样做的呢？是惶恐不安、百无聊赖、不甘不愿地掰着手指头打发这些时间？还是身心愉悦、充实满足地享受这段只属于自己的时间？

人们往往把与人交往看做一种能力，却忽略了独处也是一种能力，并且在一定意义上是比交往更为重要的一种能力。反过来说，不擅交际固然是一种遗憾，不耐孤独也未尝不是一种很严重的缺陷。

事实上，如果一个人惧怕寂寞、无法独处，就证明他的依赖性特别强、自我意识不健全，因而人格与思想也就无法真正成熟。这样的人活得很狭隘，没有自我空间，变得越来越贫乏，生活自然也不会好到哪里去。

看看周围的人，你就会发现，这样的人大有人在。

"你周末陪我吧，我男朋友出差去了……"珊珊又打电话给好朋友莉莉了，只要男朋友一出差，她就会像搬救兵一样把莉莉叫到自己家里来，理由很简单：每当独自在家，她就会莫名地空虚和焦虑。

莉莉很讲"义气"，每次都会将自己的事情放下来，满足珊珊的意愿，但是这次，她的婆婆生病了，做儿媳的怎么能够"临阵脱逃"？"珊珊，我不过去了，你自己看看电影、听听歌不是很好嘛，要开心哦。"

珊珊无奈地放下了电话，"该干点儿什么好呢？"珊珊惆怅极了，她感觉自己被全世界给抛弃了，委屈的眼泪吧嗒吧嗒地掉了下来。"1、2、3……"珊珊躺在床上，呆呆地盯着天花板，感觉非常孤独。

从心理学的观点看，人是需要独处的。正所谓宁静以致远，一个人的时候，正是跟内心对话的最好时机。让心灵沉入自己的灵魂中，静下心来整理思绪和心态，聆听自己内心最真实的声音，接纳此刻最完整的自己。这会给我们浮躁的心灵一份真挚的沉淀，如此，你会发现最真实的自己，进而更快进入生活角色，生活得富有品位和情趣。

可见，独处是一种艺术的生活态度，它和孤独有着本质区别。孤独是一种无可奈何的、无助的情感体验，而独处则是有益的、充实的、调节身心的安宁手段，会给你带来100%无打扰的好感觉，帮助我们获得从容淡定的力量。

《好想好想谈恋爱》里的谭艾琳值得我们学习。

谭艾琳优雅清高、品位不俗，是个有才华和思想的女人，她自己开了一家书吧，供品位之人聚会消遣，平时亦喜欢写点儿女性文章。一个叫伍岳峰的男人打动了她，但伍岳峰对她始终若即若离，周而复始。

无聊的假日、空旷的寓所，没有人打扰、没有人陪伴、没有人分享，但是谭艾琳却使得整个氛围发生了质的改变，悠扬的音乐、精致的菜肴、奢华的红酒，一个装扮美丽的女人坐在桌旁自斟自饮，享用所有的美味，她看起来是那么快乐和满足，一时间倾倒众多男士。

独处是回归心灵的时刻，是回归本我的好方式。放下一切包袱，去静静地享受独处的时间，让心灵得以修养，让生活得以情趣，会给我们带来迎接下一个挑战的信心与勇气。独处如此美妙珍贵，聪明的你怎能放弃这样的优待？

学会独处的人，心智才能够成熟；学会独处的人，心胸才能够豁达；学会独处的人，才能领悟到生活的真谛。你一定要学会独处，这样你才能更加成熟稳重、更加从容淡定，生命才会更有意义。

在竞争激烈的现代社会，有很多忙忙碌碌，几乎没有一分钟是清静、清闲的狂人，独处对于他们来说就显得更加重要了。每天抽出半小时的时间，这个时间不用很短，也不用太长，这样你才能够承受得起，也才能够消受得起。

每天独处半小时，无论是对于我们身心的调节，还是人生的发展都大有益处，至于在这个时间段干什么，没有必要跟别人去学，自己随意支配，如阅读一本书、看一场电影、整理一下衣橱、试遍所有的衣服，或者做一次房间兼空间的大扫除。

英国女作家弗吉尼亚·伍尔芙曾说过，每个人要有一间完全属于自己的"屋子"。何为"自己的屋子"呢？这就是属于你自己的空间，在这里你有完全的支配权，它只属于你一个人，你爱怎么用就怎么用，你可以胡思乱想、为所欲为。

独处是心灵休憩的需要，是一种淡然从容的生活态度。学会独处是一种进步、是一种成熟、是一种理智，诚实地面对自己的内心，用独处的时间照顾好自己，尽情地享受独处的好时光吧。

值得一提的是，做到这一点与一个人的性格无关。爱好独处的人同样可能是一个喜欢热闹、喜欢结交朋友的人，只是无论他身在如何的喧哗之中，他始终能够保持一份悠然，安然享受独处的时光，于举手投足之间流露出一抹散不去的生命馨香。

用梦想编织人生

拥有了梦想，人就会注重内心的感受，善于营造良好的精神家园，让生活变得富有品位和情趣。无论你的生活多么繁琐、处境多么艰辛，都要做一个坚持梦想的人，用梦想编织你的人生。

你有梦想吗？

假如你的回答是"没有"，那么你将时常感到没有精神、身心疲惫不堪；感觉生活就像一潭死水，无聊枯燥。因为任何东西也取代不了梦想在一个人精神世界中所占据的分量，取代不了它带来的精神愉悦。

这绝对不是危言耸听，梦想是一个人精神世界的支撑，是一个人心灵的绿地。一个没有梦想的人，他的心灵是枯萎甚至荒芜的，即使长得再美丽，也不会有太好的品位和情趣，就好比一颗失去光芒的钻石。

对此，新东方董事长俞敏洪说："每一条河流都有自己不同的生命曲线，但是每一条河流都有自己的梦想，那就是在转弯处奔向大海。有的时候，我们的生命是泥沙，你可能慢慢地就会像泥沙一样沉淀下去了。一旦你沉淀下去了，也许你就不用再为了前进而努力了，但是你却永远也见不到阳光了。"

有些人原本是有梦想的，只是后来随着年岁的增长、社会竞争的加剧、生活被琐事占据了大部分时间而放弃了。但是，有些人永远都会善待自己的梦想，依靠着梦想陶冶自己的情操，把生活装扮得多姿多彩。无疑，这样的人是懂得生活乐趣的人，也更容易培养出从容淡定的气质和修养。

苏珊长相普通、身材平平，但她一直是个有梦想的女人。上学时，她梦想自己拥有青春美丽的笑容、有很不错的人缘；工作时，她梦想自己的工作能力出众、遇见喜欢的男生；恋爱时，她想象能穿上全世界最漂亮的婚纱，成为人人羡慕的漂亮新娘。结婚以后，在琐事繁多的婚姻生活中，苏珊依然不肯放弃梦想，她向往节假日和丈夫一起去旅行、向往生一个健康漂亮的小宝宝……

苏珊就像拿着一支画笔不断勾勒出生活的轮廓，以美好的生活方式经营着一种精致的生活，并慢慢接近梦想中的样子。她发现，她的梦想是那么重要，甚至主宰了自己的快乐生活，如果没有了可供向往的未来，每天都会活得没有动力；如果拥有了向往，就会对未来充满期待，有迎接挑战的勇气。

大学同学聚会上，依然年轻漂亮的苏珊与别人自若地谈笑风生，自有一种"一夫挡千军"的气概，一些同学纷纷向苏珊讨教秘诀。

看着那些脸上写满了生活琐事的同学，苏珊问道："你们的梦想是什么？"很多人都无奈地表示：现在只想怎么把现实中的日子过好，管它什么梦想。"这就是你们的不幸所在，因为你们生命中一件宝贵的东西——梦想，已经被磨平了、消耗了。"苏珊只是爱"做梦"，但她拥有比其他人更快乐的生活。

的确，梦想在一个人的生命中是极为重要的东西，它是一个人内心里对人生、对自己的一种渴望，是一个神奇的东西。有了梦想，人就会注重内心的感受，善于营造良好的精神家园，让生活变得富有品位和情趣。

对于这一点，哲人周国平曾这样说过："一个有梦想的人和一个没有梦想的人生活在完全不同的世界里。如果你与那种没有梦想的人一起旅行，一定会觉得乏味透顶。一轮明月当空，他们最多说月亮像一个烧饼，压根不会有"明月几时有，把酒问青天"的豪情；面对苍茫大海，他们只看到一大滩水，决不会像安徒生那样想到美丽的海的女儿……"

不过，梦想经不起等待，从梦想开始的那一刻开始，就要有声有色地追逐，在追寻中去体会梦想的情趣，成就从容淡定的人生。文学大师林语堂曾说过："无论梦想怎样模糊，总潜伏在我们心底，使我们的心境永远得不到宁静，直到这些梦想成为事实为止。"

美国的玫琳凯女士，46岁时突然接到了降职通知，理由让她感觉很不舒服：因为她是女性。备受心理伤害的玫琳凯决定建立一家给所有女性提供平等机会、帮助更多女性实现自我价值、丰富女性人生的公司。

1963年9月3日，玫琳凯在这个梦想的支撑下，正式建立了玫琳凯化妆品公司。当时，公司的资金只有5000美元，办公场地为一间46平方米的仓库，员工只是9名普通的家庭妇女，但玫琳凯干得相当有劲儿。经过几年的不断发展，玫琳凯公司成为了一家大型跨国化妆品企业集团，拥有全美最畅销的护肤品和彩妆品牌，如今它拥有130万名美容顾问，分公司遍布36个国家和地区，年营业额达25亿美元。

全球上百万的女性，因为玫琳凯化妆品公司而变得美丽，更因为它而获得了发展事业的机会。与此同时，玫琳凯女士也被美国电视网站评为20世纪妇女精英。这一切的发生，都始于玫琳凯女士的一个念头：一个简单的梦想。

玫琳凯女士被降职后，并没有消极以对，而是用自己的梦想和信念感染数以万计的女人，让她们与自己一样，活得美丽、活得精彩。假如她只是想想而已而不付诸行动的话，根本就不可能有这么大的成就。

因此，无论你的生活多么繁琐、处境多么艰辛，都要做一个坚持梦想的人，并用智慧和执著弥补现实与梦想的距离。用梦想编织你的人生，你将获得成长的持久动力，成为自己精神世界的绝对主角。

偶尔的慵懒是
一种富有情调的生活方式

慵懒是一种富有情调的生活方式，是一种忠于自身感受的妥协。给自己一个慵懒生活的机会，给自己的心灵带来瞬时的自由，生活可以因此变得轻松而充满诗意，幸福的感觉便会不期而至。

现代社会中，每个人都在为生活忙碌着，为了实现自己的目标而不懈努力，曾经有人说过"人生在于奋斗"，这应该是值得肯定的。然而，在这个奋斗的过程中，偶尔慵懒一会儿也是非常重要的。

在自然界里，春夏生机勃发，万物生长，到处呈现出莺歌燕舞的景象；秋冬万物沉寂，处于休眠状态。人本身也属于自然界的一部分，所以理应懂得休养生息，顺应自然规律，偶尔要慵懒地生活一下。

"此身常放在闲处，荣辱得失谁能差遣我；此身常在静中，是非利害谁能瞒昧我。"这句话出自于明初洪应明所著的《菜根谭》一书，意思是说：经常把自己的身心放在安闲的环境中，世间所有的荣华富贵和成败得失都无法左右我；经常把自己的身心放在安宁的环境中，人间的功名利禄和是是非非就不能欺骗蒙蔽我。

每个人的心里都有一份对无拘无束、清心寡欲的生活状态的向往，慵懒就是这样一种富有情调的生活方式，是一种忠于自身感受的妥协。给自己一个慵懒生活的机会，没有过多的要求，只要那颗心能跟着慢下来便好。

泡一杯咖啡或享受一堆零食、沉浸在婉转的音乐里、翻看许久不曾碰触的杂志……这就是一种慵懒的情调。以慵懒的姿态生活，即使是生活在尘世喧嚣中，也可以过一种非常诗意、自得其乐的日子。

陈露是一个再普通不过的女孩，天天穿着高跟鞋，一手夹着公文包、一手拿着手机，挤公交车上班、坐地铁下班，穿梭于职场和商场之间，奔波于烦嚣、喧闹之中。然而，她懂得慵懒的妙处，让生活充满了品位和情趣。

甜而不腻的下午茶，是陈露生活中一项必不可少的节目，不论在黑夜还是白昼、雨季还是晴天，经常可以看到她坐在咖啡馆靠窗的位置，一杯卡布基诺、一块蓝莓蛋糕，还有一本时尚杂志，让她的美丽隐隐绽放，清新的感觉若隐若现。

每逢周末，陈露从来不让自己加班。她或约上几个知心朋友品品咖啡、喝喝茶、谈谈人生、健健身，或者穿上T恤、帆布鞋等，一个人带着简单的行囊：一部相机、一个笔记本、一部手机到喜欢的城市去度假……

陈露时而忧伤，时而甜美；时而童真，时而轻松。她工作时不敢懈怠，绝不落后，又把生活安排得精致、典雅、细腻。这份不紧不慢、自得其乐的感觉是一种品位、一种情调，更是一种从容淡定。

在一般人的心目中，慵懒的生活只是属于有钱人。其实未必，慵懒是深谙于内心的感觉，是一种生活情趣，是一种内心品位，跟财富没有多大的关系。纵然具备了物质基础，但是没有慵懒的心态是不行的。

有这样一个老板，他是公司的主创人，退休时已经拥有了6亿元左右的资产，但是他对任何事情都放不下心来，总是担心别人这也做不好，那也做不好，几乎每天都要往公司跑，事无巨细地嘱咐员工们。这位老板本来有足够的财富，也有自己可以支配的时间，但是他没有慵懒的心态，把自己搞得整天就跟上了发条似的只知道一味地向前，连正常的休息都无法顾及，何谈慵懒地生活？

实际上，要想慵懒地生活，与时间和金钱没有多大的关系，而是必须学会放弃。放弃的也许是名利、金钱、地位，还有一些声色犬马的显赫，如此就能够得到恬淡、平静、安逸、亲情与天伦以及身心自由的畅快与放纵，既然如此,你何乐而不为呢?

在欧盟,希腊的经济实力是排名倒数第二位的,除了航运业、农业、旅游业和与之相关的工艺品制造,其他乏善可陈。但希腊人并不在乎自己国家的经济实力有多薄弱,他们在乎的是能享受他们的慵懒生活。

对于希腊人来说,周末是铁打不动的应该休息的日子。这一点,从周日所有的专卖店"整歇"就可以体现出来。其实不仅是专卖店,所有的店铺也一律关门歇业,就连餐厅也不例外,即使是游客络绎不绝的日子。

在雅典,公司员工一般是早上 10 点到 11 点出现,晚上 7 点左右下班。所以希腊人往往在 9 点钟开始晚餐,然后再去酒吧或咖啡馆里喝上一杯,让身体慢慢放松,沉浸在夜晚清凉的海风中。

度假,是希腊人休闲生活里最重要的部分。在爱琴海上像珍珠一样散落着 2000 多座美丽的岛屿,有人居住的岛屿就有 170 多座,其中很多都变成了度假天堂。希腊人举家外出,在小岛上尽情享受阳光、海水、沙滩,以及有海风和啤酒的宁静夜晚。

希腊人无穷的艺术灵感,也许就是在这慵懒中酝酿出来的,而每一个来到希腊的游客都会放慢脚步。如今希腊是全世界向往的度假胜地。对很多人来说,光是希腊这个名字,就能让他们产生无数浪漫的想象。

不要再觉得在快节奏的生活中,享受与闲适是不可能的。再怎样疲惫或忙碌,你也可以在早晨临出门前喝上一杯柠檬水,在地铁里听一曲优美的音乐。它不是沉沦,更不是堕落,而是生活中最好的一种调味料。

只要拥有一种轻松的心态,就能够偶尔地享受慵懒的生活。这样,给自己的心灵带来了瞬时的自由,生活可以因此变得轻松而充满诗意,幸福的感觉便会不期而至,如同踮起脚尖就能接触到阳光。

忙里偷闲，做自己生活的主人

认为拼命挣钱就可以换得舒适的生活而忽略了生活中的快乐享受，这简直是贬低了工作的价值，只会让自己心烦意乱、没有头绪，甚至身心疲惫，更别提生活品位和情趣了。所以，为什么不在忙的时候偷闲一下呢？

不知从何时开始，人们的生活节奏越来越快，穿梭往来于浮生之中，正如一首流行歌曲中唱的那样"为了生活，人们四处奔波"。殊不知，整天忙忙碌碌，人生就容易陷入枯燥乏味之中，就不是生活的真意了。

有一位商人，邀请朋友到家做客。整整一个晚上，他都在对朋友倾诉他的烦恼和生意场上的激烈竞争。他谈及在盂买和土耳其的财产，谈及他所拥有的土地，还有他的咖啡因，还取出从印度买回的珠宝让朋友欣赏。

商人说："我的朋友，我明天又要出门做生意了，等这次生意做完，我可要好好休息一下。做了这么多年生意，我早就想休息了，这是我目前最想做的事，但是现在我需要把中国的麝香运到波斯去，听说波斯贵族非常喜欢中国的麝香。然后我再把波斯的地毯运到罗马，再从罗马购买一些雕塑，用船运到印度，再从印度买大批香烛运回波斯，等这些做完我就可以休息了。"商人虽面带倦色，可仍滔滔不绝地向朋友述说他的计划。

朋友笑着问："你刚才所说的生意，要用多长时间才能做完呢？"

商人说："最快也得一两年吧！"

朋友叹了一口气，说道："那你最想做的事——休息，又要等一两年了。"

工作可能是为了生活，但活着绝不仅仅是为了工作。认为拼命挣钱就可以换得舒适的生活而忽略了生活中的快乐享受，这简直是贬低了工作的价值，只会让自己心烦意乱、没有头绪，甚至身心疲惫，更别提生活品位和情趣了。所以，为什么不在忙的时候偷闲一下呢?也许这样，我们的状况会得到一些改观。

忙里偷闲这个词语最先出现在宋代黄庭坚的《和答赵令同前韵》一书中："人生政自无闲暇，忙里偷闲得几回。"意在告诉人们人生是忙碌的，来也匆匆，去也匆匆，千万别让自己陷入枯燥乏味中，要学会忙里偷闲。

清代涨潮《幽梦影》中有一段话："人生之乐莫于闲，闲非无所事事也。闲者能读书，闲者能游名胜。"在工作与生活节奏飞快的今天忙里偷闲，挤出点儿时间松弛一下疲惫的身心。别让生活羁绊着你，做自己生活的主人，想不从容淡定都难。

也许，你会说："每天的工作、生活那么累，哪有精力和时间偷闲呀?"殊不知，休闲与忙碌并不矛盾。所谓的忙与闲是相对而言的:闲暇时要做好忙碌的心理准备;同样，在繁忙的日子里，也要懂得适时地忙里偷闲。

越是日理万机的"大忙人"，越能掌握忙里偷闲的"大技巧"。英国首相丘吉尔就是一个很会忙里偷闲的人。

"二战"时，已近70岁高龄的英国首相丘吉尔临危受命，每天都要工作16个小时以上，精神长期处于紧张状态之中，但是他却依然保持精神爽朗的工作状态。究其原因，就在于他很善于忙里偷闲。

一般来讲，只要一坐上汽车，丘吉尔就不再过问任何繁琐的杂事，充分利用一路上的时间来休息。他曾经诙谐地说："我的觉一半是在车上睡的。"此外，他每天都坚持午睡1个小时，晚饭后要在办公室的床上睡上两小时左右，醒来后立即精神饱满地投入工作，直至次日凌晨。

丘吉尔还有一个习惯，无论什么时候，只要一停下工作，他就到热气腾腾的浴缸中去泡澡，然后裸着身体在浴室里来回踱步，要求侍卫即使天塌下来也不要打扰他，以此放松和休息。当德军对伦敦狂轰滥炸时，人们惊奇地发现，丘吉尔竟坐在防空洞里织毛衣，原来这也是他独特的松弛术。

如果有地方坐,我绝不站着;如果有地方躺着,我绝不坐着。丘吉尔注意劳逸结合,很善于休息,是一位忙里偷闲的高手,这正是他毕生精力充沛,至八九十岁高龄依然头脑清醒、思维敏捷的原因之一。

俗话说"磨刀不误砍柴工",休闲并不是浪费时间,更不是偷懒,休闲与工作并不是无法调节的矛盾体。只有会休息,让紧绷的神经放松,才能更好地工作。所以,偷闲不仅要懂一点儿情趣,也要有一点儿智慧。

关键在于,偷闲时要能做到"拿得起,放得下",工作时就能全身心投入,高效运转;休息时就充分放松,把工作完全放在一边。不要在工作时对登山观海总是牵肠挂肚,而真正有时间闲下来的时候又无所事事。

时间就像海绵里的水,只要用力挤,总是能挤出一点点的。美国著名心理咨询专家理查德·卡尔森在他的《让事情更简单》一书中建议:我们要懂得享受生活,学会忙里偷闲,每天度个"迷你假"。

"上班时给自己一个短暂休憩的机会,不论你在这个'迷你假期'做些什么,都会对你大有益处。那是属于你的特殊时间,如果可能的话,请让它变成生活中不可或缺的一种习惯。你或许想找朋友喝杯咖啡、吃顿午餐、清晨一起去散步,或一个人上网、跑步、看日出、遛狗、静坐冥想,等等,只要做任何能使你放松的事情即可。'迷你假期'不仅能帮你减压,还是调整身心的重要枢纽。"

如此看来,忙里偷闲已然上升为一种境界。

要想让生活充满情趣,让生命从容淡定,只要卸下一些"忙碌"即可。唐人李涉的一首《题鹤林寺壁》或许能给我们一些指导与启发:"终日错错碎梦间,忽闻春尽强登山。因过竹院逢僧话,偷得浮生半日闲。"

投入大自然的怀抱，享受绿色休闲

走出狭小的个人小天地，走出熙熙攘攘的喧嚣都市，投入大自然的怀抱，享受绿色休闲，可以使人心胸宽厚开阔，在潜移默化中陶冶自己的品位和情趣，进而领悟大自然的整体和谐和生命节奏，获得从容淡定的力量。

自古有云："唯天地万物父母，唯人万物之灵。"在郁郁葱葱的大自然中，蕴藏着蓬勃向上的生命力和创造力，它是人类生命的源泉。我们要想获得从容淡定的生活，就要投入大自然的怀抱。

走出狭小的个人小天地，走出熙熙攘攘的喧嚣都市，投入大自然的怀抱，可以挣脱一切压力和束缚，驱散所有的烦恼与纠缠，让自己的心灵在清新的空气中接受洗礼，让自己的灵魂在青山绿水中得到升华。

在大自然面前，任何人都无须戒备、无须防范，因而能变得更加坦荡和开朗。这所有的一切，都有利于我们形成旷达、愉悦的心境和朴素、自然的品性，有利于我们更加深刻地理解和体会生命的意义和价值。

比如，面对大海，可以使人心胸宽厚、开阔；面对高山，可以使人变得巍峨、挺拔、坚定；面对梅兰与竹菊，可以使人在潜移默化中陶冶自己的情操；面对花鸟虫鱼，可以使人领悟大自然的整体和谐和生命节奏。

如今，人们对生命的呵护意识日益增强，越来越多的人开始向往回归大自然，享受绿色生命。于是，一种全新的休闲理念——"绿色休闲"跟着火了起来，逐渐成了一种文化、一种健康的生活方式。

绿色休闲摒弃了浪费、奢靡、沉闷以及毫无创意的吃喝玩乐，倡导以环保的理念重新演绎休闲生活，从而在绿色休闲中形成个体与群体、自然与人类的良性互动，用明净的心情来梳理凌乱的生活节奏。

通过绿色休闲，我们的心灵就会得到净化、得到提高、得到丰富，就会增添很多美的成分、美的思想、美的品格，享受甜美的温馨和愉悦的放松，从而将我们的生命渲染得像彩虹一样炫烂美丽。

无论遭遇任何苦难和挫折，只要我们投入大自然的怀抱，去看看它美丽的景色，去听听它悦耳的声音，并在它的启迪下，重新细细梳理自己遭遇的悲喜祸福。这样一来，我们很快就能获得从容淡定的力量。

西藏一向被人们称为"一个任雄鹰翱翔的圣地"、"一片远离尘世喧嚣的净土"、"一个头顶三尺有神灵的地方"等。西藏之所以能够得到这么多的美誉，正是因为它粗犷的高原风光、壮丽的山川、茂密的森林和蓝天白云等自然风光，能够让每个置身其中的人觉察到大自然的抚慰力量，获取到生命力和温馨。

这正如作家约翰·莫里尔所说的："爬上山去，接受那些信息，自然的宁静就会来到你心里，就像阳光流进树木一样，风会将它们清新的气息送入你的怀抱，风暴会把能量填充到人的体内，人世的烦忧也会像秋叶一样离你而去。"

为此，你可以披五彩朝霞、看旭日东升；可以任海风轻拂、听渔舟唱晚；可以登高山之巅、发思古之情怀；可以临大江之滨、想未来之前景；可以纵情奔跑、大声呼叫，抒发心中之苦闷……

值得一提的是，广义的绿色休闲不仅仅限于置身大自然中，而是一种回归大自然的现代化方式。它倡导人们向往大自然，但并不代表让人们告别都市、回归蛮荒，而是认真而欣然的生活态度在休闲观上的升华，是让人们不致被城市的繁华和灯红酒绿迷失灵性。

健康是绿色休闲的灵魂，轻松是绿色休闲带给我们的感受，从容是绿色休闲积淀的内涵，将这些体现在日常生活中，既不需要再隐匿什么，也不需要再雕饰什么，所有的一切都可以随心所欲、率性而为，还自我以本来的面目。

　　无论你身处布满鲜花的山野间，还是精彩纷呈的时尚大都市中，只要你能以开放的方式享受大自然，就可以找到肢体放松与心灵愉悦的平衡点，享受一段轻盈美好的绿色时光，如此，一草一木、一花一叶都精彩纷呈、趣味盎然。

　　领悟到其中的真谛后，你还犹豫什么呢?快点出发去享受绿色休闲的生活吧。

第九章

从容淡定是一种宽广，一种包容

在世间的嘈杂纷扰中，有太多的隔阂和争吵。在纷繁复杂的境遇下，只要我们的心态宽广一点儿、包容一点儿，学会换位思考、善解人意，很多时候就可以化繁为简、从简从初，那么我们自然就会心安神定、波澜不惊，换来从容淡定的人生。

凡事不争，生活自会无忧

世间的许多问题本身是没有明确答案的，人生本来也是真真假假、是是非非、说不清、道不明的。凡事非要与别人争出个对错来，即使能够赢得口头上的胜利，却给自己徒增了几分烦恼和忧虑，无疑是得不偿失的。

在这个世界上，我们每一个人都是一个独立的个体，每个人都有自己的个性，所以在交往的过程中，不可避免地会在某一方面与别人的观念不同，自然也就会产生大大小小、各种各样的矛盾。

这时候，不少人很容易会因为坚持自己的观点而与对方发生争论。毫无疑问，争论对于认清事物的真相是至关重要的，但是凡事都要争个明白的做法是不可取的，只会让自己的内心受累，使生活各方面陷于窘迫。

耿方是个大才子，不仅能诗善文，而且还善于辩论。拥有如此好的口才，他的生活应该是快乐无忧的，但事实却并非如此，他在工作中老碰壁，也不大受朋友的欢迎，这主要是因为他是一个爱较真的人，凡事都要争个明白。

耿方当过林场管理员，但为了林场树木砍伐的问题与领导发生争执，后被辞退。失去工作后，他又在某房产公司从事一份销售楼房的工作，如果对方挑剔他卖的楼房，他便立刻涨红脸与客户大声争执，工作两个月了，一份单子都没有卖出去。对此，耿方很不理解："在和客户辩论中，我常常说服客户，可是客户为何还是没有买？"

这天，耿方与几位朋友一同去参加另一位朋友的婚礼，席间，司仪说："在座的朋友都知道，新郎、新娘是名副其实的'青梅竹马'，在这里我给大家解释一下这个成语的来历：相传宋代的时候有个著名的女词人李清照，她与她的丈夫赵明诚自小相爱……"

司仪的解释显然是错误的，但是在场的人出于礼貌，谁也没去说破，但是耿方却忍不住了，他站起来，大声在台下说道："嘿，你说错了，'青梅竹马'怎么可能出自李清照呢？这个成语是李白写的……"

"真的吗？"顿时，那个司仪脸上红一阵，白一阵，但是对方又是个嘴硬的人，接着说："这位先生，您说是李白写的，有什么证据吗？"

耿方得意地说："当然有了，这个成语出自李白的《长干行》……"

这样一来，司仪面子尽失，场面顿时也冷清了许多。

这时候，新郎将耿方叫到一边，很不高兴地说："这位司仪是来帮忙的，无论是李白写的还是李清照写的有什么关系呢？这是结婚，又不是学术辩论会，你跟人家较什么劲儿呀！平时大家都不愿意与你交往，就是这个原因……"

毫无疑问，拥有渊博的知识、出众的口才能够为我们的工作、生活提供有力的保障，但是如果像耿方那样，凡事总喜欢弄得明明白白、清清楚楚，和别人争个高低，那么"出众的口才"就只会成为你的人生羁绊。

更何况，世间的许多问题本身是没有明确的答案的，人生本来也是真真假假、是是非非的、说不清、道不明的，何必非要去与别人争出个对错来？即使能够赢得口头上的胜利，却给自己徒增了几分烦恼和忧虑，无疑是得不偿失的。

对于此，正确的解决方法其实就是，将心胸放宽一些，以一种包容的心态去面对身边的人与事，难得糊涂一回，尤其是对于一些根本无伤大雅的小问题，我们更没有必要非得去与别人争。

有句谚语这样说："如果无知是福，那么愚蠢就是聪明了。"这里的"愚蠢"，其实就是我们常说的不必太过于计较、适时地糊涂一下。这种做法看似蠢笨，实则是一种宽广、一种包容、一种历经沧桑的成熟。

有一天上午，一个美国人怒气冲冲地来到了某饭店的经理室，他指着经理说："你就是经理吗？我在你们饭店摔伤了腰，你们的地板那么滑，怎么不做好防护措施呢？这样太危险了，我需要你们马上给我治疗。"

看着这位怒气冲冲的客户，经理依据自己的经验判断他的腰没有什么大问题，但是他还是很客气地说道："实在是很抱歉，您的腰不要紧吧？我马上为您联系医务室，给您做一下检查，请您稍坐一下。"

美国人坐在椅子上继续抱怨着，饭店经理看他的情绪已经稳定下来，便温和地说："医务室已经帮您联系好了，我这就带您去。不过，进入医务室需要专用的鞋子，现在请您换上这双鞋吧。"

当这位美国人走出办公室以后，经理悄悄地把他换下来的鞋交给一位服务员，并吩咐她说："这双鞋的后跟已经磨薄了，你赶快把它送到楼下修鞋处给换上橡胶后跟，在我们回来之前必须送回来。"

果然，检查一番后，没有发现这位美国人有任何异常，此时他的情绪也完全冷静了下来，他也觉得自己刚才太莽撞了，便解释说："地板滑实在是太危险了，我只是想提醒你们注意，没有别的意思。"

经理友好地笑了笑，说道："谢谢您的好意，以后我们一定会提醒顾客注意的，也会做出改进的工作。这是您的鞋，很冒昧我们擅自修理了您的鞋，因为您的鞋后跟已经磨薄了，这样很容易滑倒的。"

美国人有些不好意思地接过鞋，穿上后非常高兴，他感激地对经理说："实在是太感谢了，对于您的关怀我是不会忘记的。"从此以后，只要这个美国人来到这个城市，肯定会在这个饭店住宿。

这位饭店经理是一位非常睿智的人，他明知道美国人之所以滑倒，是因为自己的鞋跟磨得太薄了，但他并没有急着与对方争论，而是带着美国人去医务室检查，派人把美国人的鞋底修好，然后等美国人的情绪完全平静下来之后，才告诉他滑倒的真实原因。这样的不争，既保留住了美国人的尊严，又让美国人对自己心生好感，从而为饭店保留了一位回头客。

试想，如果一开始，这位饭店经理发现美国人之所以滑倒是因为鞋底已经磨薄了，急于与对方辩争一番，即使最后对方承认了自己的错误，恐怕也会对这位经理失去好感和信任，更不可能再次入住该酒店了。

"水至清则无鱼，人至察则无徒"，如果我们心存宽容，能够容纳和理解世上的对错、是非，那就自然可以避免许多烦扰。没有烦扰的介入，我们的内心就自然能够获得平静和快乐，活得从容淡定了。

同理心是春风化细雨的智慧

宽广一点儿、包容一点儿，培养自己的同理心，体会他人的情绪和想法、理解他人的立场和感受，并站在他人的角度思考和处理问题，你就能春风化细雨，化被动为主动，迅速赢得谅解与认同，从容应对各种嘈杂与扰攘。

在现实生活中，夫妻之间、朋友之间、同事之间难免磕磕碰碰，产生一些隔阂和矛盾。在矛盾降临时，很多人常常只会抱怨、指责他人的错误，而不知道从自身找原因，这是造成矛盾与冲突的主要原因。

现实生活中，每个人都有自己的利益，所以每个人都会从自己的角度来看问题，立场自然有所不同，如果你想远离矛盾和争吵，如果你想获得从容淡定的人生，不妨宽广一点儿、包容一点儿，培养自己的同理心。

有这样一则寓言。

一个年轻人与周围朋友的关系紧张，心情极度抑郁。后来，他去求教一位智者："怎样才能使自己快乐，也让别人快乐呢？"智者回答："把自己当做别人，把别人当做自己、把别人当做别人，把自己当做自己。"

"把自己当做别人，把别人当做自己；把别人当做别人，把自己当做自己。"这里说的就是人与人之间应该相互体谅，能够体会他人的情绪和想法、理解他人的立场和感受，并站在他人的角度思考和处理问题，这就是同理心的本质。

不管你是否有过体验,同理心总是能够让一个人看起来从容淡定,因为当一个人对其他人的言行都是站在对方的角度上考虑的,自然就能够轻松地说服别人,赢得别人的认可和支持,如此他的人际关系必将少了争吵,多了理解;少了矛盾,多了和谐。

在接待顾客时,英国一家珠宝店的业务员朱莉娅不小心将一颗价值连城的珍珠掉落到地上。珍珠滚到一位男青年脚边就再也找不着了,当时店里顾客很多,难免人多手杂,想必是那个男青年趁机浑水摸鱼。

但是,朱莉娅必须找回这颗珍珠,否则她不但要被"炒鱿鱼",而且可能一辈子都难以赔偿如此巨大的损失。凭感觉,朱莉娅判定那位装作若无其事的男青年很可能是一个失业者,这无疑增添了索回珍珠的难度。

眼看男青年就要走出店门了,朱莉娅快步走过去,轻轻地挡在男青年面前,控制住自己的情绪,眼含泪花,轻声地说:"先生,现在是经济危机的艰难时期,找一份工作真是不容易吧?我在这里才仅仅上了3天班……"

男青年听后,目光极不自然,细心的朱莉娅看在眼里,于是她又将刚才的话重复了两遍。

过了很久,男青年的脸上浮现出了一丝微笑,朱莉娅也对着他微笑了起来,两人这时就像两个朋友一样。男子对她说:"是的,工作不好找,但是我能肯定,你一定会在这里继续干下去,并且还会做得很出色。"

"我可以为你祝福吗?我们握一下手吧。"男青年将背在后面的手抽了出来,并紧紧地握住了朱莉娅的手。等他转身快步奔出大门的时候,朱莉娅看到自己手里握着的正是那颗珍贵的珍珠。

理解和大度能打动人心,聪明善良的朱莉娅找到了解决问题的最好的方式,她设身处地地为男子着想,以春风化细雨的方式化解了尴尬,让男子从容地将珍珠物归原主,达到了完美的效果。试想,如果朱莉娅直接说:"请把那颗珍珠还给我!"当众宣布男青年的不义行径,又将会出现怎样的后果呢?

人与人之间之所以有太多的隔膜和争吵,一个很重要的原因就是当事人的心胸不够宽广、不够包容,一味地打自己的算盘,只用自己的观点去揣度别人的世界，难怪彼此之间的心墙怎么也打不破。

因此，在人际交往中，我们要能跳出以自我为中心的思维模式，试着从别人的角度和立场看问题，那么对方的所思所想与所喜所忌全都成了你的掌中之物，你就能化被动为主动，迅速赢得谅解与认同，从容应对各种嘈杂与扰攘。

有一个囚犯被单独监禁，自从入狱一来，从铁门下面塞进来的食物都是些残羹剩饭，他看着就倒胃口，所以很少吃。但是现在，他居然嗅到了一种万宝路香烟的味道，他最喜欢万宝路这种牌子的香烟了。

通过门上的一个小窗口，囚犯看到门廊里有个卫兵正在美滋滋地吸着烟。监狱规定囚犯是不准抽烟的，但是他实在是很想念万宝路香烟的味道，于是用右手指关节客气地敲了敲门，对卫兵说："嗨。"

卫兵慢慢地走过来，傲慢地说道："什么事？"

囚犯回答说："麻烦您一下，能不能给我一支烟？就是您抽的那种万宝路。"

卫兵认为囚犯是没有这种权利的，所以，嘲弄地哼了一声，就转身走开了。

囚犯并没有罢休，他又用右手指关节敲了敲门。

那个卫兵恼怒地转过头，厉声问道："你又想要什么？"

"对不起，请您在30秒之内把你的烟给我一支。"囚犯回答道，接着他的态度非常威严，"否则，我就用头撞混凝土墙，一直撞到血肉模糊、失去知觉为止。如果监狱当局问我是怎么弄的，我就发誓说这是你干的。当然，他们不一定会相信我，但是，你必须要向他们解释我之所以受伤的原因，你还要出现在听证会上，向别人证明自己是无辜的……想一想，这是多么麻烦的事情呀，而所有的这些麻烦都只是因为你拒绝给我一支劣质的万宝路香烟，这样做值得吗？"

卫兵愣了一会儿，终于从小窗户塞给囚犯一支香烟。

这个囚犯为什么会获得香烟呢？因为这个囚犯善用同理心，懂得换位思考，他站在卫兵的位置上分析了事情的得失与利弊，一切都看似为了士兵着想，因此轻而易举地达成了自己的要求——得到了一支香烟。

社会生活愈发展,人际关系愈重要,就愈要求人们具备同理心。因为从别人的角度来体察,就可以自然说出一些很有洞察力的话,打动别人的心,这无疑是一种最简单而又高效的沟通方式。

培养同理心、学会换位思考是人际交往的基础,也是每个人必修的功课。虽然要做到这一点不容易,需要很大的耐心和耐性,但为了使人际交往更加顺利,为了换来从容淡定的人生活法,也是值得的。

用欣赏的眼光看他人,生活将大不一样

渴望得到欣赏是人的天性,我们每个人都希望得到他人的欣赏,生命的意义就在彼此的欣赏中展现出它的和谐之美。懂得用欣赏的目光看他人者必具有愉悦之心、仁爱之怀、成人之美之善念。

有这样一个故事。

一位年轻的母亲领着双胞胎女儿来到花园。年轻的母亲看到了满园的玫瑰,不禁陶醉,于是问两个女儿这地方怎么样。姐姐回答说:"这儿太糟了,每一朵花下都有刺。"而妹妹则说:"这儿太好了,虽然枝条上有刺,可每个枝条上都有一朵美丽的花。"

同样是一束玫瑰,姐姐看到了它浑身是刺,而妹妹则看出了芳香四溢、娇艳动人,何以出现不同的景象呢?因为两个人看待玫瑰的眼光不同。姐姐看到的是玫瑰花下的绿刺,而妹妹看到的是玫瑰的花朵。

看物如此,看人亦然。金无足赤,人无完人。当我们用挑剔的眼光去看待他人时,会觉得他浑身上下到处都是不足之处、浑身是"刺";而以欣赏的眼光看待他人,则会觉得他优点多多、光芒四射、与众不同。

事实上,优点和缺点只是相对而言的,同样一个特点,可能在这件事上是优点,在那件事上就是缺点;在这个阶段是优点,在那个阶段又是缺点,正如列宁所言:"一个人的缺点仿佛是他优点的延续。"

比如,拿破仑虽然个子矮小,但"浓缩的都是精华",他有着睿智的军事头脑,足以弥补个子矮的不足;某个伟人脸上的黑痣也不能抹杀他和蔼可亲的形象,更是他个性的代表,是他豪放气度的象征。

因此,只要无碍大局和个人成长进步,将心胸放宽阔一点儿,用欣赏的眼光看他人吧。只要你学会欣赏,你会发现人间多了友善,少了仇视;多了帮助,少了冷漠;多了融洽,少了隔阂……你会发现,生活是绚丽多彩的,是具有丰富内涵的。

孟苗是一名业务骨干,她的工作能力没的说,但是她跟周围的环境格格不入,人际关系很差,经常显得落落寡欢。而这一切都源自她不懂得用欣赏的眼光看待周围的人。"爱美之心人皆有之,小李长得又矮又丑,我真没有心情和他说话"、"燕燕喜欢在网上玩斗地主,她都是孩子的妈了,怎么还玩这么无聊的游戏……"

有了这样的想法后,孟苗觉得自己跟同事们没有共同语言,处处流露出对他们的贬低和疏远,自然给人留下了清高、不成熟、孤僻的坏印象。由于单位的各种选拔都实行选票制,很多业务技能不如孟苗的人,因为人缘好,与同事们相处得和谐融洽,反而地位慢慢比她高起来。这让孟苗很受打击,也认识到了人缘的重要性,由此,她反省了自己在单位的处世点滴,觉得自己之所以把别人看扁,是因为不懂得用欣赏的眼光看待周围的人。

于是,孟苗开始迅速调整自己的心态。"同事在一起,是为了工作和合作。每个同事都有值得我学习的地方,我不是什么大树,只不过是一颗小石子而已。"于是,她对同事们谦和有礼起来,并开始留意他们的优点:小李虽然长相普通,但他对人热情友好,只要谁需要帮忙,他肯定会尽其所能;燕燕虽然平时爱玩,但是她一工作起来就非常地投入,原来会休息的人才能工作好……

这种精神上的净化,使孟苗发现了同事们的种种优点,她开始愿意与同事们接触,变得和气有礼貌,和从前相比,简直就像变了一个人似的。一天,经理将孟苗叫到了办公室,笑着说:"你知道吗?有好多人都称赞你,下次干部提拔非你莫属了!"

孟苗的故事告诉我们:每个人都有自己独特的个性和生活方式,我们要学会以欣赏的眼光看人。以欣赏的眼光看人,我们才能发现别人的闪光点,进而"择其善者而从之",以求自我完善。

渴望得到欣赏是人的天性,我们每个人都希望得到他人的欣赏,生命的意义就在彼此的欣赏中展现出它的和谐之美。懂得用欣赏的目光看他人者必具有愉悦之心、仁爱之怀、成人之美之善念。

1852年秋天,屠格涅夫在斯帕斯科耶打猎时,无意在松林中捡到一本皱巴巴的《现代人》杂志,他随手翻了几页,竟被一篇题名为《童年》的小说所吸引,作者是一个名不见经传的无名小辈,但屠格涅夫却十分欣赏、钟爱有加。

之后,屠格涅夫开始四处打听《童年》作者的住处,几经周折,最后得知作者两岁丧母,7岁失父,是由姑母一手抚养照顾长大的。屠格涅夫更是给予了他极大的同情和关注,向作者的姑母表达了对作者的肯定和欣赏:"这位青年人如果继续写下去,他的前途一定不可估量。"

那位作者本是因为生活苦闷而信笔写小说的,得知著名作家屠格涅夫这一评价后欣喜若狂,竟一下子点燃了创作的火焰,找到了自信和人生目标,于是一发而不可收地写了下去,最终成为享誉世界的大文学家,他就是列夫·托尔斯泰。

作为"伯乐",屠格涅夫这样描述初识的托尔斯泰:"一个可爱的、精力充沛的、高尚的青年,他好似一只鹰!说不定还是只出色的鹰呢。"后来他还说,自己是怀着"一种奇怪的、像慈父般的感情"欣赏着托尔斯泰。正是由于这种宽大的胸襟、欣赏他人的气概,屠格涅夫成为了文学史上最著名的一代宗师之一。

欣赏与被欣赏是一种互动的力量,欣赏别人,可以使我们的心灵在欣赏和被欣赏中得到净化和升华；欣赏别人，可以使我们的内心满溢着爱，从而建立健康和谐的人际关系。如果我们懂得经常欣赏别人，就会发现身边有太多美好的东西，生活充满了阳光。

因此，我们应该像大海一样笑纳百川，像天空一样任鹰翱翔，像高山一样簇拥群峰，摒弃自大、自负和自满，真诚地赏识他人，毫不吝啬地对别人的才智、德操、品行送上一句由衷的赞美。

当然，欣赏别人不是毫无原则的你好、我好、大家好，不是投其所好的精神按摩，更不是包藏祸心的精神贿赂。欣赏别人，是发自内心的宽容、友善与鼓励，蕴涵着尊重、理解和支持，是一种高尚的修养和境界。

摒弃自私，让他"3 尺"又何妨

面对生活中的各种摩擦与矛盾，如果我们能够放下计较，敞开心胸，肯让别人"3 尺"，那么，事情就能顺利地得到解决，烦恼和痛苦也就不存在了，我们将获得心灵上的平静，生活也会增添许多幸福和快乐。

由于人与人之间的利益不同，在人际交往的过程中，难免会出现各种纠纷、摩擦等，如果我们凡事都去斤斤计较，而与对方发生矛盾或冲突，甚至大打出手，只会给自己徒增烦恼，让事情越来越糟糕。

曾经有一群年轻人，他们非常具有挑战的精神，经常参加蹦极、攀岩等富有刺激性的活动。有一天，他们突然想挑战一下沙漠，于是，他们做好准备，带了充分的食物和水，走进了风沙滚滚的沙漠。

沙漠的环境是非常恶劣的，一阵突如其来的暴风让这群人迷了路。随着时间一天天地过去，他们带的干粮和水逐渐减少。渐渐地，人们开始支持不住了，有的人饿死了，有的人渴死了，只剩下两个人相依为命。

又过了几天，这两个人仍然没有走出沙漠，正当他们迷惑的时候，突然发现了一个废弃的小屋。他们拖着疲惫的身子走进了屋内，惊喜地发现了一袋面包和一瓶水，他们决定吃掉这些东西来补充体力之后再做最后的努力。

这时，两个人开始争抢起来，甚至大打出手，结果一个人抢到了面包，另一个人抢到了水，他们谁也不肯让谁，谁也不肯分给彼此一点儿。结果可想而知，抢到水的人饿死了，抢到面包的人则渴死了。

在这个事例中，这两个人太过于自私，为了得到利益争得面红耳赤、不可开交，更不舍得把自己的东西让一点儿给对方，结果两个人不仅丧失了珍贵的友谊，还葬身于沙漠中，得不偿失。

在现实生活中，我们千万不要让自私蒙蔽了双眼，胸怀要宽广一点儿、包容一点儿，对于生活中的小事情不必斤斤计较，适当地做出让步，一方面能够与人和睦相处，另一方面则可以获得心灵上的平静。

正所谓：路行窄处，留一步让人行。滋味浓时，留三分让人尝。对于彼此之间的纠纷和摩擦，不妨多一点儿包容、多一点儿理解，这是一种宽广的胸怀，是一种处世的智慧，也是一种极高的修养。

清代（康熙年间）文华殿大学士兼礼部尚书张英的老家人与邻居吴家在宅基的问题上发生了争执，两家大院的宅地都是祖上的产业，时间久远了，本来就是一笔糊涂账。两家的争执顿起，公说公有理，婆说婆有理，谁也不肯相让一丝一毫。由于牵涉到宰相大人，官府和旁人都不愿沾惹是非，纠纷越闹越大，张家人只好把这件事告诉张英。家人飞书京城，让张英打招呼"摆平"吴家。

张英大人阅过来信，只是释然一笑，旁边的人面面相觑，莫名其妙。只见张大人挥起大笔，一首诗一挥而就。诗曰："一纸修书只为墙，让他三尺又何妨。万里长城今犹在，不见当年秦始皇。"交给来人，命快速带回老家。

家里人一见书信回来，喜不自禁，以为张英一定有一个强硬的办法，或者有一条锦囊妙计，但家人看到的是一首打油诗，败兴得很。但房地产是很可贵的家产，争之不来，不如让3尺看看，于是立即动员将垣墙拆让3尺，大家交口称赞张英和他家人的旷达态度。张英的行为正应了那句古话："宰相肚里能撑船。"宰相一家的忍让行为感动得邻居一家人热泪盈眶，全家一致同意也把围墙向后退3尺。两家人的争端很快平息了，两家之间空了一条巷子，有6尺宽，有张家的一半，也有吴家的一半，这条几十丈长的巷子虽短，留给人们的思索却很长。

于是两家的院墙之间有一条宽6尺的巷子。6尺巷由此而来。

所以，面对生活中的各种摩擦与矛盾，如果我们不感情用事，能够放下计较、敞开心胸，肯让别人"3尺"，那么，事情就能顺利地得到解决，烦恼和痛苦也就不存在了，我们的生活便会增添许多幸福和快乐。

李嘉诚的儿子李泽楷在接受记者采访的时候，记者问他："您的父亲是华人首富，而且您自己也是那么优秀，真是将门虎子，是不是您的父亲教会了您很多赚钱的方法呢？能给我们说说吗？"

"父亲什么赚钱的方法都没有教过我。"李泽楷摇了摇头，回答道，"他只和我说，每一个人在这个社会上都生存得不容易，在与别人合作时，不要总是想着自己利益的得失，要把别人的利益放在第一位。假如李家拿七分合理，八分也可以，那么李家拿六分就可以了。如果生意做得不理想，那李家就什么也不要了……"

正是因为这种凡事不贪多的原则，凡是与李嘉诚合作过一次的人，都愿意与他继续合作，而且还会介绍一些朋友，再介绍朋友的朋友，使这些人都成了他的客户，他获得了好的人缘，生意才能越做越大，让自己的利益倍增，于是李嘉诚成为了华人首富。而他的儿子也是秉承着父亲的处世原则，才成为了身价过亿的富翁。

正所谓："人之初，性本善。恻隐之心，人皆有之。"人都是有感情的，几乎每个人都懂得"投桃报李"的道理，当你摒弃自私，对别人心存善意，别人接受你的"桃子"的时候，必然会给你其他的礼物作为回报。

人这一生奔波忙碌,整天在争名夺利、争胜好强中度过,到头来我们又能得到些什么呢?人生难道就是如此吗?倒不如心胸宽广一些好,淡然地看待万事万物,无所谓得失,让心灵在安宁中度过。

明白了这些道理之后,那么,对于彼此之间出现的纠纷,就不妨舍掉自私、摒弃自私,多一点儿宽容、多一点儿理解,以无谓的精神和态度,心平气和地迎来风平浪静的人生,潇洒大度地欣赏海阔天空吧。

"予"人方便就是"予"己方便

人与人之间的交往本身就是互惠互利的,你对别人好,别人自然也会对你好。设身处地地为别人着想,给对方留下一道方便之门,其实也就是为自己提供方便,人际关系也会因此更加和谐。

人际交往的一条重要原则就是换位思考、善解人意,懂得先为别人着想。哲学家墨子说:"恋人者,人必恋之;害人者,人必害之。"构建平和的心境、设身处地地给予他人方便,就是自己得到方便的根源。

人们都说:"乐于助人的人会上天堂,经常害人的人会下地狱。"其实,天堂和地狱并没有什么大的区别,并不是因为天堂多么美好和幸福,这里的关键就是那里的人们是否先为别人着想、懂得给予别人方便。

一个叫张五的人整天冥思苦想:"为什么天堂和地狱会有区别呢?为什么好心人上天堂,心肠不好的人下地狱呢?"他百思不得其解,于是去找上帝,希望上帝能够帮他解除心中的疑惑。

上帝说:"我现在就让你见识天堂和地狱的区别。"

上帝带着张五先来到了天堂，这里鸟语花香、气候宜人，灵魂们个个脸色红润、身体健康，如仙人一般。

"他们的生活真是舒适，他们平时都是吃什么食物呢?"张五好奇地问上帝。

上帝说:"他们的食物并没有什么特别之处，不同的是他们互相帮助，因此丰衣足食、皆大欢喜，你看。"

顺着上帝指的方向看去，张五见一群灵魂正在一个巨大的锅旁吃饭，他们的手上拿着一把长达3尺的木勺，并把盛食物的勺子送到对面人的口中，吃饱了以后，他们载歌载舞、非常高兴。

后来，上帝又带张五来到了地狱，刚到地狱，张五就感到浑身冷得瑟瑟发抖，地府中寒气逼人，而且都是骨瘦如柴、饱受饥饿的灵魂。

"为什么他们都这么瘦呢?好像一副没吃饱的样子。"张五有些害怕地问上帝。

上帝说:"你看那边!"

张五看见，此时，那些灵魂都围在一个巨大的锅旁，他们手上同样都有一把长达3尺的木勺。他们争先恐后地争吃，但由于被长勺所约束，很难将食物送进口，吃到口里的远没有掉到地上的多，看上去悲惨极了。

这时候，上帝说:"天堂和地狱给灵魂的待遇是一样的，天堂的灵魂们懂得互相帮助，所以他们有很多的朋友，所以他们很快乐，而地狱的灵魂们不想帮助别人，最终他们什么也吃不到，所以他们才会活得如此悲惨。"

顿时，张五明白了天堂和地狱的区别所在。

这就是天堂和地狱的区别:天堂的灵魂们之所以快乐，是因为他们懂得互相帮助，他们"予"人方便的同时也在"予"己方便，所以他们才会快乐地生活着，而地狱的灵魂们不肯帮助他人，也得不到他人的帮助，只能孤独悲惨地生活着。

人与人之间的交往，本身就是互惠互利的，你对别人好，将心比心，别人自然也会对你好;你给别人方便，别人自然也会给你方便。因此，我们要想获得别人的认可和帮助，就要善解人意、予人方便。

这正如富兰克林所说:"要想让别人对你好,你必须得对别人好,其实你在对别人好的同时,就是在对自己好;当你为别人着想的同时,也在为自己着想;当你在救助别人的同时,也在救助自己。"

有这样一个古老的寓言故事。

一个双目失明的盲人经常在晚上打着灯笼赶路,这令路人们感到很奇怪,于是一位路人问道:"你本来双目失明,灯笼对于你来说一点儿用处也没有,你为什么还打灯笼呢?不怕浪费灯油吗?"

听了这话,盲人慢条斯理地答道:"因为在黑暗中行走,别人往往看不见我,我便很容易被撞倒,而我提着灯笼走路,灯光虽然不能帮助我看清前面的路,却能让别人看见我,这样,我就不会被别人撞倒了。"

这位盲人打着灯笼赶路,表面上看是为别人照亮了本是漆黑的路,为他人带来了方便,但实际上他也因此保护了自己,这正是"予人方便就是予己方便"的最好体现,这点付出和牺牲是完全值得的。

克莱一直住在某个小镇上,他是一个贫穷的纺织工人。这天,就要下班了,老板突然告诉他:"我很抱歉,厂子要裁员了。我想,等你织完了手头的这一匹布,明天就没有多少活儿要干了。"

下班后,克莱难过地走在街上,漫无目的地转悠着,他不知道自己明天应该干什么。他看到街上有几个孩子正在用棍子拨弄一只死麻雀,可怜的鸟儿是怎么死的呢?等孩子们散了以后,克莱走了过去,他突然发现死鸟的喉咙里好像有什么东西鼓鼓的。他用随身携带的小刀在死鸟的喉咙里一搅,居然拖出了一个漂亮的金戒指。

用这个戒指换来的钱足够家里半年的消费了,但是克莱想到了丢戒指的人,心想对方一定在很着急地找这枚戒指。于是,他把金戒指攥在手里,一路小跑到镇上的珠宝店,问老板:"您知道这个金戒指是谁的吗?"

珠宝店老板拿起金戒指端详了一番,非常肯定地说道:"我当然知道,这是曼妮太太的。这枚金戒指是她上周从我店里买走的,当时她还特意要求我在戒指后面刻了一个"M"的字母,你瞧!"

"曼妮太太不就是老板的妻子吗?"克莱马上跑到老板家，当面把金戒指归还给了曼妮太太。为了表示谢意，老板让克莱重新回来工作了，还让他担任了纺织厂的总管，克莱再也不用为生计发愁了。

一分耕耘一分收获，付出多少，相应地就能得到多少回报。如果我们总是能够设身处地地为别人着想、为别人提供方便，那么别人也会对我们慷慨大方，也会设身处地地为我们着想、为我们提供方便。

学会设身处地地为别人着想、为别人敞开方便之门吧。因为，当你为别人敞开方便之门的时候，也就为自己敞开了方便之门。你不仅没有受到损失，而且还能获得别人的好感和支持,何乐而不为呢?

不拿别人的错误惩罚自己

在我们有限的生命时光里，我们没有必要对别人的错误吹毛求疵，更不必把我们宝贵的生命浪费在对别人的埋怨和痛恨里。学着原谅别人的错误，忘记别人的过错，那么我们的身心必将是愉快和谐的。

人非圣贤，孰能无过。在生活中，每一个人难免会因为一时的大意而犯这样或那样的错误，当别人对我们做出错事的时候，我们要心胸宽广一点儿、包容一点儿，学会换位思考、善解人意，没有必要对别人吹毛求疵、耿耿于怀。

如果我们纠结于别人的错误、贪图一时的痛快而向别人发泄自己的怒气，只会伤害到别人的感情，使他们对我们敬而远之，或者嗤之以鼻，只会让事情越变越糟糕，我们内心将更受折磨、倍感痛苦。

有一次，拿破仑得到消息，他的外交大臣塔里兰勾结外敌密谋造反，于是他匆忙从西班牙赶回来。回来后，拿破仑立即召集所有大臣，他心想：我一定要揭穿塔里兰这个家伙，要狠狠地数落他，让他回心转意。

会上，拿破仑一看到塔里兰就压抑不住心中的怒火，他不管周围的其他大臣们，只是愤怒地看着塔里兰一个人，恨不得用自己眼中的怒火将塔里兰化为灰烬，可是塔里兰却没有任何反应。

这时候，拿破仑再也控制不住自己的情绪了，走近塔里兰说："有些人希望我马上死掉！"塔里兰的确在密谋造反，但他深知拿破仑的性格，他想故意激起拿破仑的怒气，让他发火，从而让他失去领导者的权威，所以依然没有做出任何异常的举动，只是用疑惑的眼神看着拿破仑。

终于，拿破仑的怒火像火山一样喷发了，他冲着塔里兰大喊："你的权力是我给的，你的财富也是我给的，你竟然背叛我，你这个忘恩负义的家伙，没有我，你什么都不是，你不过是一堆狗屎，我再也不想见到你。"说完他就甩袖而走了。

塔里兰依然镇定自若，等拿破仑走后，他才站了起来，一脸平静地对大臣们说："我们伟大的皇帝今天是怎么了？他为什么对我如此暴躁？我可没有做什么对不起他的事情。或许，是他心情不好才会这么没有礼貌的。"

看到这样的情景，大臣们觉得拿破仑开始走下坡路了。拿破仑的怒气，让他失去了一个领导者应该有的权威和度量，丧失了人们对他的支持，最后他居然丧失了主宰大局的权力，从而让塔里兰的阴谋得逞。

拿破仑认为只有对塔里兰发火才能解心头之恨，结果失去了一个领导者应该有的权威和度量，不但没有获得大臣对自己的忠心，反而引发大臣们焦虑不安，导致自己处于孤立无援的境地，权力也因此而风雨飘摇。

由此可见，因为别人的错误耿耿于怀，不能解决任何问题，还会将事情搞得越来越糟，令我们将宝贵的生命浪费在对别人的埋怨和痛恨里，得不偿失。就像文学家康德所说："生气是拿别人的错误惩罚自己。"

而且，在为人处世中，如果别人犯一点儿小错，我们就怒气冲天、大动肝火、恶语中伤、责怪别人，甚至在没把事情搞清楚之前就不分青红皂白地下论断，还有谁愿意和我们交往呢?恐怕只会对我们"敬而远之"。

既然如此，何必动怒呢?学着胸怀宽广一点儿、包容一点儿吧。对别人的错误一笑而过，不拿别人的错误惩罚自己，好好地完善自己、修身养性，这样我们才能心安神定、波澜不惊，换来从容淡定的人生。

一个大庄园里有十几个长工，长工们闲来无事，常常坐在一起开玩笑，有时玩笑过火了就会起冲突。很多时候，冲突过后他们谁也不搭理谁，还会将怒火发泄到工作中去，结果将工作做得一团糟。

有这样一个人，每次，当他和别人发生争执生气的时候，他便以很快的速度跑回家去，绕着自己的房子和土地跑 3 圈，跑得气喘吁吁，然后再回来继续工作，就像什么事情也没有发生过一样。

就这样重复了多次，大家都很好奇，便询问这个人到底是怎么一回事，他每次都笑而不答，众人也理不出头绪。由于他鲜少与人结怨，又踏实能干，薪水涨了又涨，房子越来越大，土地也越来越广。但不管房子和地有多大，只要与别人争论生气时，这个人还是会绕着房子和土地跑 3 圈。渐渐地，他很老了，但他还是会生气，生气时他还是会拄着拐杖，艰难地绕着房子和土地走。

有一次，这个人又生气了。当他在孙子的搀扶下，拄着拐杖，绕着房子和土地，喘着气走完 3 圈时，孙子终于憋不住了，恳求地说:"爷爷，明明是对方的错，您为什么要这样惩罚自己呢?您可不可以告诉我这个秘密?"

这个人禁不起孙子的苦苦哀求，终于说出了隐藏在心中多年的秘密。他说:"我这不是在惩罚自己，而是解脱自己。我一边跑一边想着自己的房子这么小、土地这么少，哪有时间、资格去跟人家生气呢?等跑完了，我心中的怒火就消失得无影无踪了，于是就把所有时间用来努力工作了。"

孙子又问道:"您现在年纪大了，又变成了最富有的人，为什么还要绕着房子和土地走呢?"

这个人笑着说:"因为我现在还是会生气，所以生气时还是要绕着房子和土地走 3 圈。我边走边想:我的房子这么大、土地这么多，我还跟别人计较什么呢?一想到这里,我的气就消了。"

连神仙都有可能犯错,何况我们周围的芸芸众生呢?如果你每次生气时也能像故事中的这个人那样做,相信你将把更多的时间和精力用在有意义的事情上,同时,你还会在思想境界上得到极大的升华,成为一个从容淡定的人。

值得一提的是,我们之所以会生气,其实根源于一种习惯性思维,就是认为他人做错了事情或者想错了问题,而自己却是没有任何问题的。然而事实上,很有可能别人是正确的,而我们是错误的。

因此,当你认为别人出现错误的时候,就要学会自我检查,思考自己错在了哪里。只有找到自己错在了哪里,才能让自己下一次做正确。如此一来,气也消了,智慧也增长了,这就是不生气的秘诀。

面对别人的攻击,
不妨释怀心里的"风暴"

当我们遭遇别人的攻击时,我们的心理平衡会被打破,此时与其情绪激动地与人争斗、反唇相讥,斗得两败俱伤,不如放平心态,慢慢地释怀心里的"风暴",使这种行为伤害不到你、拖不垮你、拉不倒你、挡不住你。

面对别人的攻击时,我们不免会情绪急躁、大动肝火,有时甚至会和别人争得面红耳赤,非要与对方一争高下,结果呢?大多是斗得两败俱伤,彼此间感情恶化,自己也很难有好心情,这又何必呢?

胡灵刚进公司还不到一个月,就和单位的同事结下了梁子。在她眼里,处长的小姨子仗势欺人、出纳小赵尖酸刻薄，她觉得这两个人总是找自己的毛病，于是决定给她们点儿厉害瞧瞧，让她们知道自己不是好欺负的。

男朋友劝胡灵说："算了吧，你还是心胸多宽广一点儿，何必把事情弄大、把人际关系搞僵呢？"本来男朋友是好意，结果反而被胡灵给骂了一顿。自此，只要一见到那两个女人，胡灵就有一种灭之而后快的冲动，保持着一种仇视的态度，说一些让对方不舒服的话，甚至背地里暗暗耍一些破坏性的小手段，并且见缝插针，乐此不疲。

经过了一段时间，虽然胡灵也吃了点儿亏，可是那两个女人的嚣张气焰也被打压下去了。就在胡灵为自己"战役"中取得的成功而沾沾自喜的时候，没想到同事们对胡灵的行径很不满，居然联合起来请求领导给胡灵换离岗位。尽管领导很认可胡灵平时的工作，但考虑到团队的和谐，不得不"忍痛割爱"，将她"下放"到了基层。

生活中，一些人就像胡灵这样，对别人因无事生非、嫉贤妒能所产生的攻击行为斤斤计较、咬牙切齿，有时甚至以暴制暴等，没人愿意亲近他们，也不会和他们成为朋友。

事实上，当遭遇别人的攻击时，我们的心理平衡会被打破，此时与其情绪激动地与人争斗、反唇相讥，不如心胸宽广一点儿、包容一点儿，先让自己保持冷静，学会慢慢地释怀心里的"风暴"。

当你怀着"有话要好好说，万事好商量"的心态，用柔情来"迎战"对方强硬的态度时，你会发现，别人的强硬态度在你的柔声细语之中无用武之地。这样，既能够缓和紧张的气氛，又能化解矛盾与冲突，拉近彼此的关系。

张小洛是一家公司的设计员，她非常不满意自己的工作，总是沉浸在抱怨之中，在她眼里，其他同事的工作都很轻松，只有自己的工作最苦最累。在她的同事之中有一个人叫钱枫，更是让她恨之入骨。

钱枫是她同部门的同事，两人不相伯仲。然而，让张小洛苦恼的是，即使自己有多么好的创意和多么独到的见解，她都得不到领导的赏识，可是，钱枫随便提一个建议，就能让领导采纳，因此张小洛认为是钱枫影响了自己在公司的发展,所以她视钱枫为眼中钉、肉中刺,一见到钱枫就气不打一处来。

有一天,张小洛实在是压抑不住心中的怒火,她怒气冲冲地跑到钱枫面前说:为什么你总是这么打压我?要不是因为你,我肯定会得到领导的重视,步步高升。可就是因为你,我才没有施展才华的机会。"

面对张小洛突如其来的攻击,钱枫有些不知所措,但是他强忍住心中的怒火,心平气和地说:"我不知道你为什么这么说,但我扪心自问,我没有做任何对不起你的事。如果我真的有什么地方做错了,请你说出来,我向你道歉。"

张小洛原以为钱枫面对自己的无理取闹肯定会勃然大怒、对自己大发脾气,但是钱枫的态度如此诚恳,出乎她的意料,她不知道接下来该怎么收场。其他的同事看在眼里,都劝张小洛息事宁人,有的人甚至还批评她的无礼。

让张小洛更为感动的是,在自己被众人指责成为众矢之的的时候,钱枫并没有落井下石,而是对其他的同事解释说:"没有关系,是张小洛最近的压力太大了,有些事情是我做得不够到位,不能全怪她。"

这下,钱枫不仅把张小洛的怒火给彻底浇灭了,还赢得了其他同事的赞叹。张小洛对钱枫产生了莫名的钦佩,用感激的眼神看了钱枫一眼,从此她摆正自己的心态,与钱枫冰释前嫌,成为好朋友,二人被公司誉为"黄金搭档"。

钱枫的聪明之处,就在于他能够宽容张小洛无端、过分的指责,不仅不计较张小洛的无礼,而且还帮助张小洛解围。这样既阻止了一场无谓的争吵,而且还多了个朋友,更让自己赢得了同事们的赞叹。

面对别人无理的攻击,我们要学会释怀心里的"风暴",除了以柔克刚之外,嫣然一笑也是不错的方法。文学大师拜伦就曾说过这样一句话:"爱我的我抱以叹息,恨我的我置之一笑。"他的这一"笑",真是洒脱极了、有味极了。

俗话说"木秀于林,风必摧之",别人之所以攻击我们,很大程度上是因为我们比他们优秀、能力比他们强,他们见不得"人好我差,人有我无",心里不平衡,因此你又何必浪费自己的时间和精力,陪他们一起寻找这个平衡过程呢?

嫣然一笑、视若不见、充耳不闻，让人家去说，我们仍走自己的路，使这种攻击的行为伤害不到你。当你争取到更大的成就和荣誉的时候，让他们望尘莫及时，他们只能欣赏你。

由于工作出色，贾佳进入公司不到 3 年就被领导提拔了，她从一个普通会计晋升为财会小组长。遇到这样的好事情，贾佳心里自然是美滋滋的，上下班路上都哼着小曲，但是很快这种好心情就被破坏了。

有一个同事心里不平衡，觉得自己是老员工，凭什么这么好的机会让资历尚浅的贾佳"捡"了。于是，对贾佳的态度尖刻了起来，说话很不客气，有时还带着"刺"："有些人爬得真快，也不想想是谁在给她垫背呢"、"人家年轻、人长得好看，悄悄抛一个媚眼，自然就能得宠……"

听到这些，贾佳自然明白对方所指，她很是气愤，但是理智控制了情感。办公室就几个人，她也不想把关系搞得很僵，毕竟还要与他们来往，而且自己也要发展和进步。于是，每当那位同事再对自己风言风语时，贾佳都是大人不计小人过，嫣然一笑，继续埋头工作。

就这样，贾佳顶着被否定的心理压力，不断地提高自己、完善自己，工作成绩越来越好，又一次次得到了领导的表扬。时间久了，这位同事也觉得贾佳的工作能力的确比自己高出不少，也便不好意思再说什么了。

我们不应该采取别人对我们不好，我们也对别人不好的处世方式，这是非常不理智的。就像有人说过："别人怎么说你、怎么做，我们根本就不用理会，如果大街上有条狗咬我们一口，难道我们也要反过来咬狗一口吗？"

所以，千万不要因他人的无理取闹、荒唐攻击而乱了方寸，也千万不要因此大动干戈，如此，你不但能轻而易举地解决问题，而且还能心安神定，换来从容淡定的人生。

摒弃仇恨，宽恕是消除仇恨的良药

仇恨不是好东西，千万不要拿它当宝贝一样抱着，否则只会让生命永远得不到解脱。而宽恕是消除仇恨的良药，宽容一点儿、包容一点儿，忽略或忘记仇恨，大度地原谅他人，才是获得一份平和心态的重要条件。

在社会上，我们难免会和别人产生摩擦和误会，甚至会产生仇恨。这个时候，千万不要拿仇恨当宝贝一样抱着。仇恨并不是什么好东西，带着仇恨生活的人会生活得非常辛苦，只会让身边的人都离自己远去。

在《神雕侠侣》中有过这么一段描述：李莫愁和陆展元相爱，可是后来因为陆展元移情别恋，娶了另一位女子为妻，李莫愁心生怨恨，她想杀了陆展元的妻子以解心头之恨，但最后她却负伤回来。

于是李莫愁便怀恨在心，处心积虑地想为自己的情感讨回一个公道，为自己报仇，想要亲手将那个寡情薄意的负心汉杀死才解心头之恨。于是她处心积虑地想要报仇，于是她背叛师门，大开杀戒，不仅杀了陆展元全家，而且还杀害了很多无辜的人，双手沾满了鲜血。在别人眼里她就是一个"魔女"，谁见到她都会吓得两腿发抖。

正是因为李莫愁总是拿过去的仇恨当成宝贝，不肯忘记，才让仇恨蒙蔽了心智，由一个如花似玉的姑娘沦为杀人的魔头，让人见到她就两腿发抖，不要说和她交朋友，就是连和她说话都不敢。试想这样的人，内心又怎么可能享有平和之美呢？

有一个著名的例子。

美国著名的建筑大王凯迪和飞机大王克拉奇感情很好，凯迪有一个十分漂亮的女儿，而克拉奇有个年轻有为的儿子，他们为了让彼此的友情继续延续下去，于是不顾子女的强烈反对，撮合他们成了婚。

这两个年轻人的感情不好，经常吵架。后来，凯迪的女儿竟然不幸惨遭杀害，而据警方详细调查后，搜集来的证据都证明了克拉奇的儿子是凶手。经过审判，法院作出判决，卡拉奇的儿子谋杀罪名成立，被判终身监禁。

令凯迪一家较为恼火的是，克拉奇的儿子在事实面前却从来不承认自己杀害了凯迪的女儿，而克拉奇也极力地为儿子的罪行拼命奔走上诉，又千方百计、拐弯抹角地不惜重金为凯迪一家做经济补偿，以求凯迪能到监狱去为儿子说情。而凯迪一想到自己惨死的女儿，就犹如一把钢刀插进心窝，内心疼痛难忍，痛斥克拉奇的儿子是罪有应得，埋怨自己当初怎么看错了人，这令克拉奇很是恼火。

自此，凯迪和克拉奇从昔日的好友变为敌人，仇恨无情地笼罩着这两个名门望族，他们的内心得不到片刻的平静，再也没有真正地快乐过。他们明争暗斗，结果双方谁也没得到好处，双方都损失惨重。

就这样，许多年过去了，就在他们被痛苦折磨了 20 年之后，事情终于真相大白，凯迪女儿的死根本和卡拉奇的儿子无关。这件事在美国激起了轩然大波。面对记者的采访，凯迪与克拉奇不约而同地说了同样的话："20 多年来，我们所受的心灵上的折磨是用多少金钱也支付不起的！"

仇恨让两个本来很要好的朋友成为敌人，使他们相互仇恨了对方 20 余年，不知他们的多少黑发变成了白发，也不知道仇恨夺走了多少属于他们的快乐，人的一生又有几个 20 年呢？仇恨严重地摧残了他们的心灵，的确是用任何财富都支付不起的。

既然如此，我们何必固执地抱着仇恨，让仇恨折磨自己也折磨他人呢？对于仇恨来讲，宽恕往往体现了一种对人对事包容、接纳的气度和胸怀，是对仇恨最好的回应。英国哲学家培根曾说过这样一句话："报复的目的无非只是为了同冒犯你的人扯平，然而有度量宽谅别人的冒犯，能使你比冒犯者的品质更好。"

舍弃怨恨、学会宽容就是在解脱自己、成就自己。放下仇恨,用宽容的心溶解仇恨,体现了一种宽广的胸怀,如此,我们会获得别人的感激和支持,让自己的生活少一分障碍,我们的人生之路也就将走得更顺畅一些。

就像人们常说的,我们的心如同一个容器,当爱越来越多的时候,仇恨就会被挤出去。

消除仇恨并不需要刻意地复杂而为,只要用一颗简单的宽容之心来不断充实自己,那么仇恨自然也就没有容身之所了。

舍弃怨恨,有容人的雅量,心平气和地容纳世间的是非对错,包容人世间的一切喜怒哀乐,我们的心灵不受任何的羁绊,生活中也就没有任何烦恼能够扰乱我们平静的内心,我们自然就能获得那份难得的从容与超然。

所以,如果你现在正被怨恨折磨,那么赶紧敞开你的胸怀,学着宽广一点儿、包容一点儿吧。以宽容之心对待,以理智之态处理,让心灵自由自在地飞翔,那么在不知不觉中便会创造出许多美好。

"文人相轻,自古而然",宋朝时期的王安石和苏东坡就曾经是一对死对头。当时,王安石是一人之下,万人之上的宰相,由于他与苏东坡的政见不同,分属两个政治营垒,所以他一直对苏东坡有不满之意。

一次,王安石因为苏东坡犯了一点儿小错,就小题大做地在皇上面前参了苏东坡一本,于是苏东坡被贬到黄州。起初,苏东坡知道自己被贬是王安石作了手脚,对王安石自是恨之入骨,到了黄州后,对朝廷失望的苏东坡开始崇尚道家文化并回归到佛教中来,企图从宗教中得到解脱,并最终过上了真正的农人生活,并乐在其中。

后来,王安石因变法失败,被皇帝罢免了官,赋闲在家,由于身体多病,痛丧爱子,新党内部的吕惠卿之流又肆行反噬,因此他情绪十分感伤。苏东坡得知情况后,没有落井下石地报复王安石,而是写信真诚地安慰了他一番。

神宗元丰七年,苏轼刚从黄州谪所被召回,便前往金陵看望王安石,二人相见甚欢,促膝长谈。期间,王安石提到上参苏东坡的事情:"当初是我害你被贬的，难道你不怨恨我吗?"苏东坡笑了笑，作诗一首，表达了对王安石彻底宽容的诚意："骑驴渺渺入荒陂，想见先生未病时。劝我试求三亩宅，从公已觉十年迟。"王安石送走苏东坡后，对人说："不知更几百年，方有如此人物!"

从此，王安石和苏东坡劫波度尽，恩怨尽泯，成为了无话不谈的知心好友。

王安石身为年长苏东坡 15 岁的前辈和位极人臣的宰相，这样对待与他持不同政见的苏东坡，确实有失公正，更谈不上厚道。但是，苏东坡没有因此一直仇恨王安石，而是以不计前嫌的态度对待王安石，最后让两个曾经势如水火的死对头成为无话不谈的知己好友，苏东坡宽广的胸怀有如光风霁月，令人敬佩。

怨恨是斩断我们友谊的利器，而宽容是友谊的桥梁，舍弃怨恨、宽容待之，将大事化小、小事化了，那么就能有效地防止事态扩大，缓解彼此之间的矛盾。如此，我们也就能够轻松获得一份淡定平和的心态。

化敌为友，将烦恼转为菩提

人生最大的敌人，不是别人，而是自己;人生最大的胜利，不是制敌，而是将敌人转为朋友。以宽广的胸怀去包容别人的所作所为，使敌人不再是敌人，甚至有可能变成朋友，自然能够赢得一份从容淡定之境。

在实际生活中，几乎我们每个人都有自己的"敌人"，可能是他爱说大话、马屁不断等触及了你的道德底线，可能是他性格古怪、言行无拘，无意中得罪了你，也有可能两人曾经产生过一些矛盾。

面对敌人，你会怎么做?有无或冷淡、或恶劣的情绪和灭之而后快的冲动?即便不能如此,你是不是也会保持着一种仇视的态度?说一些让对方不舒服的话,或者背地里暗暗耍一些破坏性的小手段?或者……

殊不知,打压或者消灭敌人并不能显示出我们的智慧,因为与之对峙的同时,我们自身的精力也必将有所消耗,自身的心性也必将有所动乱,不但不能化解矛盾,结果反而会加剧彼此间的冲突。

大海因宽容而成就自己的浩瀚,天空因覆盖世间万物而辽阔,人的胸襟也因宽容别人而宽广。雨果曾说过:"世界上最宽阔的是海洋,比海洋更宽阔的是天空,比天空更宽阔的是人的胸怀。"

对于一个胸怀宽广的人来说,即使别人的所作所为多么令人生厌,他们也会去包容别人的所作所为,使敌人不再是敌人,甚至有可能变成朋友,烦恼也能转为菩提,享有一份从容淡定之境。

在这里,有一个经典的例子,我们不妨来分享一下。

欧玛尔,英国历史上唯一留名至今的剑手,他有独属于自己的取胜秘诀。

曾经,有个与欧玛尔势均力敌的敌手,他与欧玛尔斗了30年,仍然不分胜负。在一次决斗中,那位敌手从马上摔了下来,欧玛尔持剑跳到他身上,一秒钟内就可以杀死他。但此时,对手却做了一件出人意料的事:向欧玛尔的脸上吐了一口唾沫。

欧玛尔停住了,对敌手说:"我们明天再打!"

敌手听后有点儿糊涂。

欧玛尔说:"30年来我一直在修炼自己,让自己不带一点儿怒气作战,所以我才能常胜不败。刚才你吐我的瞬间我动了怒气,如果当时我杀死你,我就再也找不到胜利的感觉了,所以,我们只能明天重新开始。"

不过,这场争斗永远也不会开始了,因为那个敌手已经拜欧玛尔为师。

这就是欧玛尔取胜的秘诀。

敌手之所以能够与欧玛尔冰释前嫌、化敌为友,是因为欧玛尔面对他无理的举止,并没有气愤地与他针锋相对,更没有利用自己当前的优势将他置之于死地,而是心平气和地宽容了他,这是他不曾具备的气概,因此他为欧玛尔所折服。

俗话说"朋友多了路好走，冤家多了路难行"，朋友可以是永久的朋友，而敌人却不要成为永久的敌人。人生最大的胜利，不是制敌，而是宽待敌人，以获得以德报怨的境界，使我们内心的世界越来越丰盈。

真正从容淡定的大智者对于敌人不但不消灭，反而培养对方成为激励自己上进、成长的对手。英国哲学家培根就曾经说过这样一句话："没有情人，会很寂寞；没有敌人，也是寂寞的。"

有这样一个故事。

一位动物学家对生活在非洲大草原奥兰治河两岸的羚羊群进行过研究，他发现东岸羚羊的繁殖能力比西岸的强，奔跑速度也不一样，平均每一分钟，东岸的羚羊要比西岸的羚羊快15米。几经努力研究，动物学家才明白，东岸的羚羊之所以强健，是因为在它们附近生活着一个狼群，西岸的羚羊之所以弱小，正是因为缺少这么一群天敌。

大自然的法则就是"物竞天择，适者生存"，这个法则同样适用于当今社会中。"敌人"与我们并非势不两立，正是因为他们的存在，我们才能够时刻保持竞争的状态；正是因为他们的存在，我们才能不断获得精进。

林肯是美国历史上最有影响力、最完美的统治者，他能够取得如此伟大的成功，除了自身具备卓越的领袖能力之外，与他重视、欣赏萨蒙·蔡斯这个强大有力的"敌人"有很大的关系。

1860年，林肯当选为总统之后，决定任命参议员萨蒙·蔡斯为财政部长。当他把这一想法告诉参议员们时，一片哗然，许多人都表示了强烈的反对。林肯疑惑地问："萨蒙·蔡斯是一个非常优秀的人，你们为什么反对他成为我们之中的一员呢？"

参议员们的回答是："萨蒙·蔡斯是一个狂妄自大的家伙，他狂热地追求最高上司权，一心想入主白宫。而且，私底下里他甚至认为自己要比你伟大得多。"

林肯笑着问道："哦，那你们还知道有谁认为自己比我要伟大的？"

这些人不知道林肯为什么要这样问。

林肯解释说："如果你们知道有谁认为他比我伟大，你们要及时告诉我，因为我想把他们全都收入我的内阁。"

最后，林肯还是任命萨蒙·蔡斯为财政部长。事实证明，蔡斯是一个大能人，在财政预算与宏观调控方面很有一套。但是，对权力的崇拜使他对林肯一直很不满，并时刻准备着把林肯"挤"下台。

林肯的朋友都劝说林肯免去蔡斯的职务，但林肯笑了笑，表示自己对蔡斯满怀感激之情，是不可能罢免他的。朋友们对这样的说法难以理解，林肯就讲了这样一个故事：

"有一次，我和我兄弟在肯塔基老家犁玉米地，我吆马、他扶犁。这匹马很懒，但有一段时间它却在地里跑得飞快，连我这双长腿都差点儿跟不上它。到了地头，我发现有一只很大的马蝇叮在它身上，我随手就把马蝇打落了。我兄弟问我为什么要打落它，我说我不忍心看着这匹马那样被咬。我兄弟说：'唉呀，正是这家伙才使马跑得快嘛。'"

然后，林肯意味深长地说："现在有一只叫'总统欲'的马蝇正叮着我，我会时刻提醒自己不能松懈，要不断地向前跑，努力做好自己的工作，否则，我就会被别人所替代，这也正是我能做好工作的主要原因。"

由此可见，"敌人"所给予我们的，不仅仅是危机和斗争，同时还能激发我们求生和求胜之心的动力，犹如一剂强心针、一部推进器、一个加力挡。有人帮助我们进步和成长，我们还有什么理由不对他宽广一点儿、包容一点儿呢？

人生最大的敌人，不是别人，而是自己；人生最大的胜利，不是制敌，而是将敌人转为朋友！帮助敌人、冰释前嫌，不但能保护自己，更是为自己找到更大的助力。凡是能化敌为友的人，必是胸怀韬略之人，也自然能够赢得从容淡定的人生。

信任,世界上最好的礼物

信任是对人性最好的肯定、是最真诚的见面礼、是彼此心灵的交流,也是最可靠的支持。要想与别人沟通舒畅、和睦相处,要想感受到心与心之间的快乐与温暖,首先就要对别人拿出你的信任来。

世界上没有比信任更好的礼物了。但是,信任这件礼物却是很难得的,因为在生活中,太多的东西让人怀疑,轻易地相信别人有时会让自己处于困境、受人摆布,所以人们总不大乐意轻易地将它赠送给别人。

我们可以轻松而愉快地品味母亲冲调的一杯热茶,而往往谢绝一个素昧平生的人赠予的一杯香茗;我们可以轻易地相信朋友不经意间的一句调侃,却对合作伙伴的忠告感到满腹狐疑……

现代社会是一个复杂的世界,隔膜和顾忌让信任变得像遥远的星辰,可望而不可即。我们生活在自己狭小的天地间,很多时候更像一个孩子,找不到回家的路,许多本可以成功的机会也就在猜忌中丢掉了。

曾经听过这样一个故事。

有两个旅行者结伴穿越沙漠,走至半途,水喝完了,其中一人因中暑已不能行动。中暑者的同伴递给他一支手枪,说:"你每隔两小时鸣放一枪,我找到水后枪声会指引我与你会合。"于是,同伴步履蹒跚地找水去了。

躺在沙漠里的中暑者满腹狐疑:同伴能找到水吗?他会不会丢下自己这个"包袱"而独自离去呢?这样想着的时候,中暑者仿佛真的看到同伴早已经走出了沙漠,与家人团聚的欢乐场面,他的心中满是仇恨。

夜幕降临的时候，同伴还没有回来，中暑者确信同伴早已离去，他彻底崩溃了，于是用手枪了结了自己的性命。枪响后不久，同伴提着满壶的清水赶来，却只找到了中暑者温热的尸体。

故事中的那位中暑者是被沙漠的恶劣气候所吞没的吗？不是，他是被对同伴的不信任的恶劣心理所打败的。一个人一旦失去了对别人的信任，就会失去友谊，就只能面对一个充满孤独、遗憾的人生。

"人之初，性本善"，人性大多都是向善的，而欺诈只属于一小部分，不要总以别人会欺骗自己为由而不信任别人，不要在自己与他人之间设一道永远无法跨越的鸿沟，一定要学会信任别人。

不管人与人之间的关系多么捉摸不定，当你对别人多一份理解和信任的时候，你会发现，思想间的交流变得简单了，心灵间的沟通变得容易了，你会感受到快乐与温暖，收获许多意想不到的喜悦。

在英国的一个小镇上，有一个出名的地痞名叫杰克。此人整天都游手好闲，不是酗酒闹事，就是偷鸡摸狗，借别人的钱不还不算，还总是拿去赌博，小镇上的人都很讨厌他，见到他都躲得远远的。

有一天，杰克闯了大祸，被关进了监狱。入狱后的杰克省悟过来了，不再执迷不悟，对以前所做的事情感到深深地懊悔。于是他在狱中积极地接受改造，因为他的表现良好，便提前被释放出来了。

从监狱中出来后，杰克充满希望地回到小镇上想重新做人，但是，当他找地方请求打工赚钱时，对方都表示了拒绝，谁也不敢让他来工作；当他来到亲朋好友家借钱，遇到的都是一双双不信任的目光。

食不果腹的杰克在小镇上溜达了一个星期，依然找不到出路，他那颗刚充满希望的心开始滑向失望的边缘，他只好敲响了镇长家的大门，恳求镇长可以借给他一些钱。镇长什么都没有说，他转身回屋拿出了 100 美元，温和地说道："人们都说你不会还钱，但我相信你现在已经不是那样的人，也许他们对你有误解。"

杰克平静地看了镇长一眼后，消失在镇口的小路上。

数年后，杰克衣锦还乡。这些年来，他靠100美元起家，苦命拼搏，已经成了一个腰缠万贯的富翁。回到了小镇，杰克还清了所有亲朋好友的旧账，而且还决定为家乡投资致富。最后，他来到镇长的家，恭恭敬敬地奉上了1万美元，并流着泪说道："谢谢您当初信任我！是您给了我生活的信心和勇气！"

毋庸置疑，是信任拯救了杰克，让他从一个即将走向极端的人又重新找回了生活的信心。信任是对人性最好的肯定、是彼此心灵的交流，也是最可靠的支持。人世间，有了信任才多了真情，也唯有信任，人间才处处有温暖。

在世间的嘈杂扰攘中，有太多的隔膜和争吵，就算是最要好的朋友也会有发生摩擦的时候，我们千万不能耿耿于怀，要宽广、包容一点儿。如果能拿出一份信任的话，生命这条崎岖难走的道路，必然会变得坦然和从容很多。

战国时期，各国之间的争战连年不断，魏国国君魏文侯决定派大臣乐羊带兵出征中山国。但是，这一决议遭到了朝中大臣们的反对，因为中山国的重臣乐舒恰恰是乐羊的儿子，他们均认为让乐羊对阵儿子，恐怕他不会全心全意为国效忠。

尽管朝中争议颇多，但魏文侯并未改变主意，依然派乐羊带兵出征了。

抵达中山国后，乐羊决定用围而不攻的战略攻城，一连好几个月都未曾动过一兵一卒。朝中争议激烈，奏章像雪片似地传到魏文侯手中，纷纷指责乐羊是在故意拖延时间而不肯与儿子作战。看到这些奏章，魏文侯只是一笑置之，他不仅不动声色，而且还派遣专使带着酒食、礼品去慰问乐羊，犒劳他的军队，大振军心。

眼看乐羊的计谋奏效，势力越来越强大，士兵和附近百姓们无不效忠，但朝中的流言却愈演愈烈了，矛头直指乐羊欲拥兵造反。魏文侯依然不动声色，还索性在城内给乐羊建造了一座非常漂亮的别墅。

最后，等乐羊按计划攻克了中山国并得胜回朝后，魏文侯特意为他举行了一场盛大的庆功酒宴。宴罢，魏文侯赏给乐羊一个密封的钱箱，乐羊打开一看，魏文侯赏的不是金银珠宝，不是文墨字画，而是满满一箱弹劾自己的奏章。

　　乐羊这时才明白,如果不是魏文侯的全力庇护,没有魏文侯对自己超乎寻常的信任,不要说攻打中山国的任务不能完成,恐怕自己连性命也很难保住了。自此,乐羊更加效忠魏文侯,为魏国作出了显著贡献。

　　勇敢和智慧孕育了成功,那么信任和支持则增添动力。信任是人生中最伟大的力量,能打开一扇紧闭的心门,改变一个人的人生,而被人信任则是人生中最幸福的事,能推动着我们不断努力、奋进、忠心不渝地成就事业。

　　信任是世界上最好的礼物,要想把它送出去其实不难:多从别人的立场或角度想一想、多体贴一下别人、学会做一个聆听者……必要的时候,坐下来开诚布公地交流一下都是不错的办法。

第十章

从容淡定是一种安心，一种随意

心灵有一方净土，故而，面对地位比我们高的人，不奴颜屈膝、巴结敬畏；面对地位比我们低的人，不盛气凌人、颐指气使。不会因贪图财富而不择手段，不会因称羡高位而突击钻营，不会因追逐名利而忘掉气节。

尊重他人，不可盛气凌人

所有人的人格都是平等的，谁也不比谁高贵多少。不以官职大小、钱财多少或学问高低论尊卑，尊重身边的每一个人，我们才能够赢得别人的尊重，内心归于恬淡和安然，赢得从容淡定的人生。

人与人之间有差异性存在，有的人事业风光，有的人下岗失业；有的人腰缠万贯，有的人贫困潦倒；有的人口齿伶俐，有的人木讷愚钝……但所有人的人格都是平等的，谁也不比谁高贵多少。

但是，有些人却习惯用势利眼看别人，以官职大小、钱财多少或学问高低论尊卑，在不如自己的人面前摆架子、显傲态。这是一种不尊重人的表现，只会招致别人的反感，自取其辱，让自己难以下台。

在一架班机的经济舱上，一名漂亮的白人女士被安排坐在一个黑色皮肤的男人旁边。任凭黑人怎么微笑，她都怒目相视，最后还气势汹汹地把空姐叫来："你们必须给我换位子，我受不了坐在这种令人倒霉的家伙旁边！"

空姐充满微笑的脸僵住了，她看了看身边的黑人，有些不好意思，黑人则用尴尬的微笑回应。"请稍等，"空姐说完走开了。白人女士有些得意地瞟了一眼黑人，鼻腔里发出"哼"的一声，然后准备收拾东西。

几分钟后，空姐回来了，她微笑着说："女士，很抱歉，经济舱已经客满了，不过在头等舱还有一个空位。"不等白人女士说话，空姐接着说："将乘客提升到头等舱是我们从未遇到的情况，但是我已经获得机长的特别许可。"

白人女士高兴地站起来："太好了。"岂料，空姐却转向了那名黑人："机长认为要一名乘客和一个令人讨厌的人同坐真是太不合情理了，先生，如果您不介意的话，我们已经为您准备好头等舱的位子了，请您移驾过去。"

白人女士怔住了，机舱里爆发了一片热烈的掌声。

《圣经·马太福音》里说："你希望别人怎样对待你，你就应该怎样对待别人。"一个不尊重别人的人，是决不会得到别人尊重的，自我价值也就不能得到体现，又何谈获得从容淡定的人生？

尊重你身边的每一个人吧，无论他职务高低、身份贵贱。只有这样，你才能收获尊重和欣赏。退一步说，就算他们不会给你丰厚的回报，你尊重他们也不会损失什么，反而赢得了良好的口碑和人缘。

在这一点上，一位大学的校长为我们做了良好的典范。

有一年9月，新的学期开始了，大批学子从天南地北赶到一所大学来报到。这其中，有一个外地的农村学子，他大包小裹的东西很多。因为这些行李很沉，所以不一会儿他就累得气喘吁吁，把行李放在路边休息。

这名学子为了不耽误报到，就想找一个人来帮自己看东西。不过看了半天，他发现过来的不是学生就是学生的家长。人们都行色匆匆地为报到的事情而忙碌，哪里有人有时间帮自己看行李？正当他不知所措时，路边走来一位老大爷，这位老大爷走路比较慢，看起来比较悠闲，不像是要赶路的样子。

这个学子看到了希望，便抱着试一试的心情拜托这位老大爷帮自己看一下行李。没想到的是，老大爷爽快地答应了，还和气地告诉这个学子办手续的流程。当天，学校的新生很多，学子办手续花了两个小时，他心想那位老大爷肯定等不耐烦已经走了。他匆匆忙忙地回到了放行李的地方，却发现老大爷还在尽职尽责地帮自己看包，他非常感动，对老大爷说了很多感谢的话，老大爷谦虚了几句，笑着走了。

到了第二天开学典礼，这位学子吃惊地发现，昨天帮自己看包的那位老大爷也在主席台上就座，原来他是该校的副校长。从这以后，这位学子逢人便夸赞那位副校长，并将之当成了自己一生的偶像。

那位副校长是学识渊博、才华横溢的大学者，更是安心随意、从容淡定之人,他能够屈身为学子看守行李,还做得心平气和、恬淡安然,正是这种朴素而又伟大的人格魅力,使他获得了众人的尊重和敬仰。

人生在世,不见得权倾四方、威风八面才是成功,而是性情的恬淡和安然。尊重你身边的每一个人吧,无论他们的职务高低、身份贵贱,只有充分地尊重了每一个人,我们才能赢得每一个人的尊重和赞许,获得安心随意的生活。

莫让虚荣扰乱我们的心智

爱慕虚荣不仅不能达到炫耀自己的目的,恐怕还会给自己招来啼笑皆非的难堪,身心备受折磨。如果你想活得安心随意、活得从容淡定,就一定要守住心灵的一方净土,千万不能让虚荣心搅乱了心智。

身处灿烂缤纷的花花世界,你能否守住心灵的一方净土?抵御住虚荣心的作祟?不被虚荣扰乱心智,做到不爱慕虚荣呢?

在这里,我们需要解释一下爱慕虚荣的含义。爱就是喜好的意思,慕就是招来别人的羡慕,虚荣就是本身不存在的好的事物。顾名思义,爱慕虚荣就是将自己的优点或优势夸大后出去炫耀,以期获得他人的羡慕。

托尔斯泰说过:"没有虚荣心的人生几乎是不可能的。" 人人都有虚荣心,恰到好处的虚荣心是一种积极的心理暗示,不仅可以让人的心情平和愉快,而且能够激励我们用积极的行动填补自己的欲望和夸下的海口。

但是,凡事都有一个限度,太过于爱慕虚荣,以致让虚荣扰乱了我们的心智,盲目地打肿脸充胖子,就是一种愚蠢的不淡定了。这不仅不能达到炫耀自己的目的,恐怕还会给自己招来啼笑皆非的难堪,身心备受折磨。

赵磊新成立了一家广告公司,特邀请几个好朋友欢聚一堂。席间,朋友们纷纷祝福赵磊生意做得红红火火、节节攀升。这个时候,爱慕虚荣的孙皓拍拍自己的胸脯说:"赵磊放心,你的单子我包了。"

孙皓只是一家公司的普通职员,他知道自己肯本没有那么大能耐,但为了炫耀自己的能力,还是毫不犹豫地说了大话。朋友们都说孙皓够义气,一瞬间,孙皓感觉自己很伟大,于是夸下了更多的海口,引来朋友们的无限美慕。

看着孙皓那么胸有成竹,赵磊将他的话牢牢记在了心里。几天后,他去找孙皓签单子,而孙皓当时只不过是说说而已,并没有想到朋友会真的找他帮忙。这下孙皓慌了,因为他根本就没有什么把握。可是,如果这个时候拒绝赵磊自己无疑丢了大面子,于是,他不得不帮赵磊忙活起来。

一个星期过去了,孙皓一个合适的单子也没有给赵磊做成。赵磊等不下去了,不无遗憾地说道:"看你当初说得那么胸有成竹,我以为你真的能行的。现在看来,我还是找别人吧,你不要为难了。"

谁知,在虚荣心的驱使下,孙皓的心智已经乱作一团了,他强烈要求给赵磊做单子,好让朋友们看看自己的"能力"。不过,三番五次地折腾,依然一个单子也没有做成,结果不仅让赵磊受到了连累,就连自己也花了不少冤枉钱。

从这之后,朋友们开始感觉孙皓并不像他自己说得那样能干,于是对他产生了一丝反感,真有什么事情也不敢托付给他。而孙皓自然也高兴不到哪里去,情绪越来越急躁,依然不停地夸着"海口"。

孙皓就是因为太爱慕虚荣,被虚荣心搅乱了心智,夸下了很多的海口,引来朋友们的无限羡慕,但结果不仅让朋友受到了连累,就连自己也花了不少冤枉钱,到最后引起了众人的反感,自己的心态也出现了大变化。

生活中,像孙皓这样爱慕虚荣的人并不少见,比如,有些人明明囊中羞涩,却还很喜欢装阔,请朋友去吃饭时还偏偏选择去高档饭店;有些人与人聊天的时候,总要有意无意地对别人吹嘘自己一个月能拿多少工资,而当朋友们向他们借钱时,他们只能吞吞吐吐地说自己现在在做大事情,暂时没有资金。

有一句俗语是:"死鸡撑硬脚。"说的是鸡虽然死了,可它的脚却还在硬撑着。现在想想这句话确实有点儿可笑,既然都已经死了,还有必要再硬撑着吗?想想爱慕虚荣不正是如此吗?真是死要面子活受罪。

古今中外,不知有多少哲学家都曾提出过这样的警告:"虚荣心是一剂毒药,千万不要让它扰乱了心智!"法国哲学家柏格森更是直截了当地说过:"一切恶行都围绕虚荣心而生,都不过是满足虚荣心的手段。"

这绝对不是危言耸听,在现实生活中,有些人为了获得票子、房子、车子等,在别人面前显摆自己"有能耐",不断满足自己那点儿可怜的虚荣心,他们甚至不惜采取坑蒙拐骗之恶行,或者挪用公款、偷税漏税等违法行为,不仅要承受内心的恐慌,而且要面临锒铛入狱的悲剧,真是得不偿失。

总之,有虚荣心的人是自欺欺人,往往又欺不了人,只能自己欺骗自己,给自己带来痛苦,除了失败以外什么也不会得到。如果你想活得安心随意、活得从容淡定,就一定要守住心灵的一方净土,千万不能让虚荣心搅乱了心智。

看淡虚名,别被荣誉累垮了

"图虚名,得实祸",刻意追求那些看不见、摸不着的虚名,是导致我们心态失衡、身心疲惫的罪魁祸首。把"虚名拨向身之外"吧,淡泊一切荣誉,不为名誉而生存、不为名誉所劳累。

唐代著名诗人吴筠有言:"虚名久为累,使我辞逸域。"面对着纷繁多变的世界,很多人不能守住心灵的净土,迷失心智,刻意追求那些看不见、摸不着的虚名,是导致我们心态失衡、身心疲惫的罪魁祸首,对于此,萨克雷的《名利场》中的女主人公丽蓓卡·夏普便是一个例子。

丽蓓卡·夏普出身寒门，父亲是个平庸的画匠，母亲是个受人鄙视的歌女，均已亡故，死后没给她留下一分钱。贫穷的生活使她不顾一切想要走入伦敦这个大都市，为自己找一个漂亮、华美的位置，借此成就自己的荣誉。

丽蓓卡·夏普很漂亮，美貌是她左右逢源的武器。进入伦敦后，她趋炎附势、阿谀奉承，费尽心计地要求伦敦的上流社会接纳自己，希望自己能够在上流社会获得一席地位，可是那些上层社会的人只会去谈论那些光鲜的人物，他们都用有色眼镜"注视"着丽蓓卡·夏普，就连玛蒂尔达夫人家里的侍女也瞧不起丽蓓卡·夏普的谄媚。

当残酷的现实一次次地摧残着丽蓓卡·夏普内心仅存的希望，当名誉的诱惑一次次地向她内心的淡泊发起挑战时，她不知所措，后来嫁给一个上流社会人士成了空虚的灵魂深处的救命稻草，也成了她唯一的信仰。接下来，丽蓓卡·夏普利用自己的年轻美貌，赢得了考利家族最有可能的继承人、军官罗登的欢心，并且两人秘密结了婚，因为女王考利这个姓氏会让她感觉到自己在这个都市的生存意义。

结果，因丽蓓卡·夏普卑微的出身，罗登失去了财产继承权，两人离了婚。丽蓓卡·夏普借助一切力量迈进所谓的上流社会，将真情与友爱遗忘到九霄云外，用尽心机，最终还是不名一文，她的一切心机全部白费了。

最终在书中，萨克雷以这样伤感而又无奈的语气说道："浮名乃是虚空，唉，一群极端愚蠢、极端自私的人，不顾一切地为非作歹而又热烈追求浮名，结果全是死亡、争吵和病痛……"

虚名，终究是一个晃人眼的光环，一时耀眼却无法触摸。如果一个人热衷于虚名的追求，并为此失去气节、不择手段、突击钻营，这就像给自己戴上了名誉的枷锁，失去了生活的自由，也失去了生活的本真，终究会应了那句"图虚名，得实祸"的老话。

不要再等"虚名白尽人头"的时候才痛心于那些光环、泡沫的破碎。把"虚名拨向身之外"吧，看淡虚名，无论浮华劳碌，都保持一种恬淡悠然的心境，只有这样，一些更实在的东西才能被我们所把握，生活才会慢慢散发出如菊般的幽香。

古往今来，那些大学问家都是这样去做的，他们不迷恋个人的名誉，而是将全部的心血和才华投入到自己喜爱的事业之中。所以，他们一方面能够享受到心如止水的快乐，另一方面也能水到渠成地获得惊人的成就。

居里夫人是法国籍波兰物理学家、化学家，一生崇尚科学，共获得 10 次各种各样的奖金、各种奖章 16 枚、各种名誉头衔共 117 个，但是，在这些至高的荣誉面前，她都能保持一种安心随意的态度。

在法国和波兰，关于居里夫人的"奖牌只是玩具"的故事可谓家喻户晓。

有一天，一位朋友到居里夫人家中做客，看到居里夫人的小女儿正在玩英国皇家学会刚刚颁发给她的一枚金质奖章。朋友大惊道："英国皇家学会的奖章怎么能给孩子玩呢？这可是至高的荣誉呀！"

居里夫人看罢，淡淡地笑了笑，说道："这有什么不可以，我是想让孩子们从小就知道，荣誉其实就像玩具一样，只能玩玩而已，决不能永远守着它去生活，否则一辈子可能终将会一事无成。"

不仅如此，居里夫人还毅然辞掉了 100 多个荣誉称号，声称自己只要实验室。正是她始终能在荣誉面前保持一种淡然的心态、一心倾注于科学研究的品质，才使她能够第二次获得诺贝尔奖，最终到达辉煌的科学巅峰。

的确，名誉就像是玩具，只是象征着我们曾经所获得的成功，而且生不带来，死不带去，与其一生为它所累，不如用一颗平常心来看待它，看得淡一点儿，再淡一点儿，踏踏实实做点儿实事，从而活得实实在在、快快乐乐。

所以，在生活中，我们要想真正做从容淡定之人，就要心灵有一方净土，淡泊一切荣誉，不为名誉而生存，不为名誉所劳累，更不要为追逐荣誉而失去气节，要做到处之泰然、不惊不喜；失之淡然，不悲不怒。

不论拥有多少财富，都不做金钱的奴隶

> 在生活中，我们要想获得心灵的平静与幸福，做到真正的淡然与从容，就要控制对金钱的欲望，把金钱看作是身外之物，要做金钱的主人，张弛有度，合理调度，完美彰显自己安心随意的姿态。

俗话说，"君子爱财，取之有道"，我们每个人都有追求财富的权利，不过，我们一定要明白：在追求金钱的过程中，要控制对金钱的欲望，张弛有度，千万不能视金如命，否则就会成为金钱的奴隶。

其实，在茫茫人海中，沦落成金钱的奴隶的人还真不少。有的人为了金钱，不惜背信弃义，置友情和亲情于不顾；有的人为了金钱，不惜以身试法，以致身陷身败名裂的境地；有的人则紧抓金钱，以致身心受累。

很久以前，有一对靠拾破烂为生的夫妻，每天天不亮就出门了，推着一辆破车到处拾破铜烂铁，一直等到太阳下山才回家。他们回到家以后，就常常在屋子里拉弦唱歌，日子过得逍遥自在。

他们的对门住了一个很有钱的富翁。他每天都坐在桌前打算盘，算算哪家的租金还没收、哪家的欠账还没还，每天总是很忙、很烦恼。他看对门的夫妻俩每天都快快乐乐、轻轻松松，非常美慕，又很奇怪，便问他的伙计："我这么有钱，为什么一点儿都不快乐，而对门那对穷夫妻穷得叮当响，每天却那么开心呢？"

伙计听了，眨了眨眼，对富翁说："老爷，您想让他们忧愁吗？"

富翁回答说："我看他们不会忧愁的。"

伙计眯着眼说:"只要您给我一贯钱,我把钱送到他们家,我保证他们此后再也不会拉弦唱歌了。"

富翁怀疑地摇摇头说:"给他们钱,他们一定会更快乐,怎么会不再拉弦唱歌了呢?"

伙计说:"您尽管给他们钱就是了。"

富翁果真把钱交给了伙计,当伙计把钱送到那对夫妻家时,他们拿到钱后很是高兴,但是他们想把钱放在家中,门又没法关严;想把钱藏在墙壁里,墙用手一扒就会开;想把钱放在枕头底下又怕丢了……

总之,那对夫妻果真很烦恼,整个晚上都在为这贯钱操心,一会儿躺下去,一会儿又爬起来,就这样翻来覆去折腾了一夜。从那以后的好几个晚上,富翁果然再没听到他们拉弦唱歌了。

由此可见,当面临金钱的考验的时候,一个人如果只为金钱而活着,也就等于被金钱所占有了,沦为了它的奴隶,一生都要为它所左右。正如哲学家所说的那样:"占有金钱的人并没有得到财富,而是财富得到了他。"

在生活中,我们要想获得心灵的平静与幸福,做到真正的淡然与从容,就必须将金钱看淡一点儿,把金钱看做身外之物,不管是已经拥有的还是即将拥有的,都要与它拉开一定的距离,做到随时可以放弃。

也许,你会说金钱是财富的象征,人生在世,谁也离不开钱,视金钱如粪土显然是不可能的,也是不现实的。但是,话又说回来,金钱不能左右甚至主宰我们的生活与幸福,它和幸福之间并不能画等号。因为幸福和心态有关,是一种主观感受。

所谓"种瓜得瓜,种豆得豆",我们种下了名利与财富的因,就必然得到贪婪的果。物质的享乐,只能给人一时的满足,但心灵上却依然是空虚的。淡然与从容来自于内心,内心已被污染,何谈真正的淡然从容?

那些真正懂得生活的人,明白自己永远都不能做金钱的奴隶,而要做金钱的主人。他们都是安贫乐道的,不会把金钱看得特别重,而且为了追求精神的自由自在、彰显自己的气节和修养,往往会主动放弃金钱。

　　李泽楷是香港富商李嘉诚之子，是身价过亿、有着"小超人"美名的香港富豪。他曾对青年人说："生活当然需要讲求实际需要，不过要是一味地想着赚回来的金钱，什么时候才可以买车买楼的话，那样只会成为金钱的奴隶。"

　　李泽楷不仅是这样说的，也是这样做的。在创业的时候，他对很多东西都感兴趣，但是他清楚地知道在选择事业的时候不要太在乎金钱的回报，应注重个人兴趣和理想，最后还是选择了从事卫星电视事业。

　　建立卫星电视初期，有不少人曾对李泽楷的计划产生过质疑，但是1993年他将卫视转让给传媒大王梅铎，据报道，没有可观利润的卫视居然售价为9.5亿美元，时年25岁的李泽楷赚取了第一桶金，赢得了各界赞赏。

　　现在，李泽楷非常庆幸当时自己没有把金钱看得太重，选择了卫星电视事业，不然今天的卫星电视决不会遍及到全球。

　　所以，将金钱看淡一点儿吧。无论何时，都要与金钱拉开一定的距离，做到随时可以放弃。在你放弃的那一刻，你或许就会从容地面对生活的酸甜苦辣，体会到内心真正的幸福，得到意想不到的惊喜和回报。

　　总之，生命中应该拥有的不仅是金钱，还有很多东西值得我们去追逐，比如：亲情、爱情和友情等，更不能为钱所累，为钱而感到焦虑不安。在金钱面前，保持一种淡然从容的心态，才能让金钱为你所用，活得轻松自在、快乐幸福。

别做物欲的傀儡，要做自己的主人

如果说欲望是抓住别人的手，淡泊则是守住自己的心。放下心头过多的欲念，将它减少、再减少，不沦为物欲的傀儡，做起事来就不会再感到慌张和浮躁，即使是粗茶淡饭，也能享受安心随意的心境，过上从容淡定的生活。

有一句很富哲理的话：少一分物欲，就多一分静心；少一分占有，就多一分慈悲。从这个角度来看，人生的许多辛苦是因为欲望太多，只有斩除过多的欲望，少一分占有，将一切欲望减少、再减少，倒是能享受一份独有的平凡与宁静。

卢梭说过这样一句话："10 岁时被糖果俘虏，20 岁被恋人俘虏，30 岁被快乐俘虏，40 岁被野心俘虏，50 岁被贪婪所俘虏……"由此可见，人的物欲是非常强盛的，它就像一个恶魔那样，让我们的内心得不到片刻清净。

适度的物质需求，在生活中不可或缺，但一个人如果放任无止境的物欲膨胀，经常被欲望啃噬内心，他就很容易迷失本心本性，患得患失，这更像是被欲望掌控的木偶，上演身不由己的人生，还谈什么安心随意、从容淡定的生活？

有这样一个故事。

有一个农夫救了地主一命，地主为了报答农夫的救命之恩，于是决定赏给他一块土地。地主告诉他："明天从太阳升起的时候算起，你从这里往外跑，跑一段就插个旗杆，直到太阳落下地平线跑回来，你所插上旗杆的地都将归你。"

农夫身强力壮，跑步可难不倒他，一听到这样就可以得到土地，他高兴得手舞足蹈，心想："那我明天多跑一些路，这一天辛苦下来，岂不是可以圈很大一块地？我就可以一辈子享受这一大块地了，这个主意真是太棒了！"

第二天，太阳刚一露出地平线，农夫就迈着大步向前疾跑，他拼命地跑啊，跑啊，一分钟也没停下过脚步，太阳偏西了还不想回去，眼看着太阳快要下山了，他才开始着急，于是加紧了脚步，走斜路向起点赶去。

只差两步就到达起点了，但是农夫的力气已经耗尽，他上气不接下气，瘫倒在地主的跟前了，倒下的时候两只手刚好触到起点的那条线。农夫这一瘫就再没起来，于是地主找人挖了个坑，就地把他埋了，说道："一个人要多少土地呢？其实就这么大！"

故事中的那位农夫，一心想得到更多的土地，最后他虽然得到了很多的土地，可是又有什么用呢？他把自己的性命都给搭了进去，没有了生命，再多的土地又有什么意义呢？只剩下了埋葬自己的那点儿土地。

欲望是没有止境的，我们日复一日地奔波劳碌，得到的大多是绝望和痛苦，失去的更多。正如伊索寓言所说："许多人想得到更多的东西，却把现在所拥有的也失去了。"换句话说，也就是我们经常说的一句成语——"得不偿失"。

所以，从现在起，把过多的欲望包袱给卸下来吧，将它减少，再减少。当我们拥有了这种安心随意的心境，就不会沦为物欲的傀儡，做起事来就不会再感到慌张和浮躁，相反，我们会觉得格外的轻松和得心应手，如此就更能赢得从容淡定的生活。

有一位诗人为了追求心灵的满足，不断地从一个地方到另一个地方。他的一生都是在路上、在各种交通工具和旅馆中度过的。当然，这也并不是说他没有能力为自己买一座房子，这只是他选择的生活方式。

后来，由于诗人在文学艺术上作出了巨大的贡献，有关部门给他免费提供了一所住宅，并决定聘用他为文化部的干部，但是，诗人拒绝了，他说："如果我接受那些外在的房子、物质等，不仅要为之耗费精力，还很有可能受到诱惑，杂念和烦恼自然也就会束缚我的内心，同时也束缚了我的生活。"

就这样，这位独行的诗人，在旅馆和路途中度过了自己的一生。诗人死后，朋友在为其整理遗物时发现，他一生的物质财富就是一个简单的行囊，行囊里是供写作用的纸笔和简单的衣物，以及 10 卷极为优美的诗歌和随笔作品。

这位诗人正是放下了过多的欲望，排除了外物的各种诱惑，内心一直处于十分平静的状态，杂念和烦恼无安身之地，最终丰富了精神生活，将事业进展得更为顺利，为文学界作出了巨大的贡献。尽管从外表看他或许是一个一无所有、既无欢乐也无生趣的人，但他的心灵一定是一片清澄，充满宁静和喜悦。

列夫·托尔斯泰说："欲望越小，人生就越幸福。""对身外之物不奢恋"是痛定思痛后的清醒，是超越世俗的大智慧。谁能做到这一点，谁就心平如镜，纵使万物入镜，他的心依然不染尘埃，做自己的主人。

决不为"五斗米"而折腰

要想生活得安心随意、自得其乐，做人必须要有浩然之气，决不为"五斗米"而折腰，也就是说，决不能为了现实的某种实际利益，如金钱、地位、荣誉等牺牲或出卖自我的价值观，比如尊严、人格、理想等。

做人需要有一些"富贵不能淫、贫贱不能移"的浩然之气，心灵有一方净土，不因贪图财富而不择手段，不因称羡官衔而突击钻营，不因追逐名利而忘掉气节，换句话就是决不能为了"五斗米"而折腰。

不为五斗米折腰，来源于《晋书陶潜传》："吾不能为五斗米折腰，拳拳事乡里小人邪。"五斗米是指晋代朝廷中信奉"五斗米道"的权贵，此句比喻为人清高、有骨气，不为利禄所动。

不为五斗米折腰，是一种从容淡定的气节，是一种安心随意的生活方式，中国古代有不少因维护人格、蔑视追求功名富贵之人，他们不肯趋炎附势、保持气节而不食的故事流传至今。其中，陶渊明就是最具代表性的一例。

陶渊明生活的时代，朝代更迭，社会动荡，人民生活非常困苦。公元405年秋天，已过"不惑之年"(41岁)的陶渊明为了养家糊口，在朋友的劝说下，出任离家乡不远的彭泽县令。

这年冬天，县里派督邮来了解情况。这位督邮是一个粗俗而又傲慢的人，他一到彭泽县的地界，就派人叫县令来拜见他。陶渊明得到消息，虽然心里对这种假借上司名义发号施令的人很瞧不起，但也只得马上动身。不料，有人拦住陶渊明说："参见这位官员应当穿戴整齐、恭恭敬敬地去迎接，否则他会在上司面前说你的坏话。"

陶渊明听后长长叹了一口气："我不愿为了小小县令的五斗薪俸就低声下气去向这个差劲的家伙献殷勤。"说完，他马上写了一封辞职信，离开了只当了80多天的县令职位，从此再也没有做过官。

从官场退隐后的陶渊明，在自己的家乡开荒种田，过起了自给自足的田园生活。在田园生活中，他找到了自己的归宿，写下了许多优美的田园诗歌："暧暧远人村，依依墟里烟"、"采菊东篱下，悠然见南山"……最终，这些诗歌将陶渊明推到中国最早田园诗人、著名的文学家的位置上。

陶渊明"不为五斗米折腰"，蔑视功名富贵，不肯趋炎附势，虽然他的生活因此变得凄凉了一些，但是他获得了心灵的自由，获得了人格的尊严，活得从容淡定，为后人留下了宝贵的文学财富，也留下了弥足珍贵的精神财富。

在日常生活中，如果一个人不愿意牺牲某种内在的价值观，比如尊严、人格、理想等而去换取现实的某种实际利益，如金钱、地位、荣誉等，这就是一种"不为五斗米折腰"的浩然之气、淡然之风。

约瑟夫是一家IT公司的技术骨干，由于公司准备改变发展方向，约瑟夫觉得公司不再适合自己，他准备换一份工作。以自己在行业中的影响力以及自身的能力，约瑟夫决定去本市最大的一家 IT 公司应聘。

负责面试约瑟夫的是该公司负责技术的经理，他对约瑟夫的资历和能力没有任何挑剔，他甚至很早以前就主动邀请过约瑟夫，但是都没有成功。这次约瑟夫主动前来，他自然是十分欢迎，给出了很优厚的条件。

但是，这名经理提了一个让约瑟夫很失望的问题："我听说你原来的公司正在研究一种新软件，听说你也参与了这项技术的研发，你能把研究的进展情况和取得的成果告诉我们吗？你知道这对我们公司意味着什么，这也是我多次前去聘请你来我们公司的原因。"

尽管约瑟夫对这家公司的影响力和实力都很满意，但他断然拒绝了这份工作，他态度坚决地说："我不能答应你的要求，尽管我已经离开了原来的公司，但我决不会因求取一份工作而做出卖公司的事情。"

很多人都以为约瑟夫不可能得到这份工作了，但就在当天晚上，那位经理打来了电话，他说："约瑟夫先生，你被录取了，并且是做我的助手，不仅是因为你的能力，更因为你正直、忠诚的品质，你是好样的。"

孟子曾说过："不要我所不要的东西，不干我所不干的事；求我所必求，为我所必为；当取则取，当舍则舍，如此而已。"这里所说的"我所不要的东西"、"我所不干的事"就是"为五斗米折腰"。

话说回来，要所不要的东西，干不愿干的事，就必须勉强自己，甚至要强迫自己，不能随心所欲，也无法尽心竭力，严重的还会因此扭曲自己、改变自己，最终失去精神的舒展和心灵的自由，苦不堪言。

比如，身居高位，却收受贿赂，为自己谋取私利，往往会损害别人，会为千夫所指、会受到制裁。即使不受法律的制裁，稍有良知，也会日不安、夜不宁，问心有愧。即便良知全失，也免不了担惊受怕、饮食难咽、夜不成寐。

因此，做人必须要有浩然之气，保持一种安心随意的姿态，当取则取，当舍则舍。只要来得正，黄金美玉不嫌重；来路不正，一瓢一饮也算重。只要于利不趋、于色不近、于失不馁、于得不骄，我们就一定能达到从容淡定的境界。

第十一章

从容淡定是一种善待，一种自爱

能善待自己，多倾听生命的声音，多采撷人性的光辉，就获得了自由、获得了快乐；而快乐是一切美好事物的源泉，如此，我们定能获得一种从容淡定的活法，并时时在高质量的生活海洋中畅游。

做喜欢的工作,快乐工作,快乐生活

只有当你喜欢一份工作,才会用心去做,才会有激情,才会创新,才会快乐。从事自己喜欢的工作,我们的内心会充满愉悦和快乐,如此也就容易换来从容淡定的活法。善待自己,就从找一份喜欢的工作开始吧。

闭上眼睛,想想你的工作状态如何?

一谈起工作,如果你会立即想到上班,也就是拼命打工挣钱,把工作看成了一件费心费力、承受压力的"苦差事",甚至有一种很被动、很被迫的感觉,那么,你很有可能需要换一份新工作,如果你想活得从容淡定的话。

爱因斯坦说过:"兴趣是最好的老师,真正有价值的东西,并非仅仅从责任感产生,而是从对客观事物的爱与热忱产生的。"具体到工作上,做自己喜欢的工作,事业在其中,快乐也在其中,而追求快乐不就是善待自己的大智慧吗?

在现实生活中,不少人可能迫于无奈而从事着自己不喜欢的工作,或者心不甘、情不愿地劳碌,或者当一天和尚撞一天钟,如此不仅做不好工作,而且很难享受到工作乐趣,更会令身心备受羁绊,这样痛苦地自我折磨,何必呢?

要知道,工作不仅是挣钱的手段,更是享受生活的方式。从事一份自己喜欢的工作,你的内心便会充满愉悦和快乐,如此也就容易换来从容淡定的活法。所以,千万别逼迫自己去做不喜欢的工作,试试去做自己喜欢的工作吧。

海燕是某家外贸公司的秘书,她善解人意、为人随和,对待工作也是尽心尽力,但她非常不喜欢坐办公室,在办公室超过一个小时她就如坐针毡,因此她深感做秘书工作的不快和吃力，心情很是焦虑不安，还经常向家人发脾气。

在丈夫的开导下，身心俱疲的海燕决定换一个工作，便打算向老总提出辞职请求，但是想到这家公司在业界非常有威望，并且自己当初是经过层层面试才进来的，要是这么走掉就可惜了。想来想去，她决定在公司内部调换一个新工作。

做什么好呢？海燕开始有意识地留意自己的能力，她发现自己思维缜密、善于分析，而且乐于与人交往，便大胆地请求老总将自己调到了销售部。果然，海燕应付自如，工作做得非常出色，赢得不少顾客的称赞，她的职位和薪水均得到了提高。

由此可见，从事一份自己所喜爱的工作，再忙、再累都是快乐充实的事情，而且做得游刃有余，还很有可能在这个领域发挥最大的才能，创造最佳的成绩，充分得到自我肯定，从而获得淡定的力量。

刘胜利毕业于某大学经济管理系，他一直希望从事行政类工作，但是理想很丰满，现实很骨感，刘胜利和自己喜欢的工作失之交臂，只好委曲求全地干起了自己深恶痛绝的销售，这让他觉得自己每天都生活在水深火热中。

第一次去拜访客户的时候，毫无实干经验的刘胜利吃了闭门羹，碰了一鼻子灰，这让一向自视清高、从来没尝过被拒绝滋味的他大受打击，再加上对这份工作本身提不起任何兴趣，回到公司后他立即向老板提出了辞职。

老板看了辞职报告后，了解了一番刘胜利的状况，并没有立即同意他辞职，而是语重心长地说："年轻人，你怎么就知道自己不喜欢这份工作呢？要知道，只要你愿意好好地做，你非常有可能会越来越喜欢这份工作。"

刘胜利抱着试一试的态度留了下来，他开始有意识地劝说自己要喜欢销售工作。刘胜利学习能力很强，接受新事物也很快，做了半个月的时候，情况开始发生了改变：刘胜利发现自己面对各种人都能轻松应对，而且他谈吐优雅得体、幽默风趣，特别是在他赢得了自己的第一个客户时，激动得雀跃不已，心里的那种满足感更是一种享受。"原来，喜欢也不难"，他终于觉得自己开始爱上了销售工作。

现在,刘胜利已经结婚生子,但他还是没有放弃自己的销售工作。虽然每天的工作很琐碎,家里的事也要靠自己处理,可他总能在工作中捕捉到种种快乐、愉悦,家里井然有序,工作更是非常出色。

刘胜利开始时之所以不喜欢销售工作,是因为他对工作了解得不够深入,工作起来因为摸不着门路而碰壁,结果对它心生厌恶,误以为自己不喜欢这份工作,所以,当你面对一个不熟悉的新工作、新领域时,先别忙着说不喜欢这份工作,给自己一段时间去了解它、适应它,努力培养对这份工作的感情。

的确,不是每一份工作都能够完全符合我们的心意,但每一份工作中都存有许多宝贵的经验和资源。能不能从中获得快乐,并非取决于我们是否喜欢这份工作,而在于我们先从心底认同它,全力以赴地去干好它。乐在工作,做出来的工作会更好,当工作效率越来越高,当你得到更多人的肯定与支持时,你自热而然地就会越来越喜欢这份工作,当然也就可以乐在工作了,这是一个良性循环。

就像恋爱一样,这个世界上没有那么多的一见钟情,也许刚开始的时候他并不是你梦中的白马王子,但不要急着将对方拉进自己的"黑名单",深入了解一下也无妨,也许在接触的过程中,你会发现他的许多优点,从而喜欢上他,甚至对他欲罢不能。

总之,只有当你喜欢一份工作,才会用心去做,才会有激情,才会创新,才会快乐。喜欢你的工作,你才会感觉到工作和生活是快乐的,找一份自己喜欢的工作,如果不喜欢,请你努力培养兴趣,实在不行就请放弃,再换一份工作试试。

培养兴趣爱好，做高品位的人

培养一两个自己的兴趣爱好吧。因为兴趣爱好是一个人的精神食粮，可以使人得到身心放松，激发一个人宁静、安详和愉悦的积极情感，为枯燥乏味的生活增添多种乐趣，进而提升你的生活质量。

客户、领导、会议、应酬、孩子、父母……工作需要努力，家庭也需要经营，这是很多人的生活主题。但除了家庭和工作以外，你的生活里还有没有别的事情呢？你有兴趣爱好吗？如果没有，那你真的是太不爱自己了。

从心理学的角度来看，兴趣爱好可以激活大脑神经，激发我们内心的愉悦，宁静、安详和愉悦的感觉可以使我们的身心得到放松，为平淡的生活增添多种乐趣，进而提升你的生活质量。

培养一两个自己的兴趣爱好吧。它们犹如心灵的一块绿洲，会在人生旅途干涸的时候滋润慰藉你的心灵，支撑你的精神世界，而且它们还可以陶冶情操、培养气质，培养从容淡定的气度与心情，让你成为一个高品位的人。

也许，你会说："每天的工作、生活那么累，我连放松自己的时间都没有，哪有精力和时间培养兴趣爱好呀。"殊不知，兴趣爱好与工作、生活一点儿也不冲突，因为他们使我们变得更快乐、更有活力来处理其他事情。

琳达是某广告公司的文案策划，有一个体贴的老公、一个可爱的女儿，周围的人总是说："琳达，你每天看起来好快乐"、"琳达，你过得真幸福，真羡慕你"。说实话，琳达也对自己的生活很满意，不过她知道这一切都是兴趣爱好带来的。

琳达的兴趣比较广泛,只要是一切美的事物,她都喜欢。她有几项固定的兴趣爱好,比如:画画、看书、做瑜伽、听音乐、唱歌……生活几近枯燥乏味,琳达就通过自己的这些兴趣爱好陶醉在自己的境界里,充实自己的生活,而这也是她快乐的动力。不过,生活对琳达也不总是"微笑"的,她的工作、家庭中难免会发生不愉快的事情,此时琳达依然会用自己的喜好来调整自己,比如,组织几个姐妹去 KTV 唱歌,在放声高歌中排解压力,在音乐中抒发自己的感情。

兴趣爱好不但能带给琳达心灵的宁静,还令她在爱好中陶冶性情、修心养性,提高一下自己的生活品位和素质,发现生活的新天地,因此,她工作的灵感一次次迸发,多次得到了老板的表扬,赢得了老公的万般宠爱。

当工作疲惫时,兴趣爱好令你身心放松;当遇到挫折烦闷时,它让你暂时忘却一切的烦恼和不快;甚至在你的人生之路面临绝境的时候,它会让你重拾信心,达到山重水复疑无路,柳暗花明又一村的境界。

有这样一个女士,她原本是一位由于出生时大脑缺氧而导致轻微智障的残疾人士。她喜欢唱歌,12 岁时在母亲的鼓励下进入了唱诗班。几十年来,尽管生活过得很艰难,但她从来没有放弃过唱歌,一直坚持着这个兴趣爱好。

直到有一天,她在电视机前看到了一期《英国达人》的歌唱比赛。她的母亲鼓励她说:"你不是很喜欢唱歌吗?你应该属于那个舞台。"于是,她报名参加了这档电视节目,唱了一首叫《我曾有梦》的歌曲,短短的几天当中,美国 Youtube 网站有关她精彩演出的片断,其点击率上升至 3500 万次,居然超过了奥巴马当选总统之后的就职演说。

事例中的这个女人就是来自苏格兰的乡村大妈苏珊。这位 47 岁的未婚女子,长得一点儿也不好看,身材胖胖的,但她知道善待自己,尽管她的生活辛酸苦涩,也要坚持自己的兴趣爱好,最终她赢得了几乎全世界人民的认可,也更有资格从容淡定地生活了。

你的兴趣爱好是什么?如果你现在还不明确,没有关系,好好回想一下,你从事哪项活动的时候曾有过满足、快乐、开心,甚至是兴奋的感觉,那就是你的兴趣所在。你也可以去尝试一些新的事物,钓鱼、烹饪、学外语、旅游……你总会发现自己喜欢的东西。

当然,你的兴趣爱好一定要是健康高雅的,比如,广阅群书、琴棋书画、练瑜伽、国际象棋、鉴赏古物、品酒、游泳等都是可以的。写作让你丰富自我,音乐可以让你接近灵魂,绘画可以提高你的审美,DIY 使你变得心灵手巧……

如果你的家人有自己的爱好,你们不妨协商出一个大家都能接受的时间表,分享并学习彼此的兴趣爱好。你会发现,不仅自己就此脱离烦恼、激活快乐,你和家人也将更好地实现心灵上的协调和相通,共享天伦之乐。

做情绪的主人,
把自己从黑暗中拯救出来

喜怒哀乐是人之常情,想让自己在生活中没有情绪几乎是不可能的,但不懂得管理自己的情绪,只会陷于情绪的泥淖而无法自拔,反而更加动怒。我们要善待自己,珍爱自己,绝不要让情绪控制自己,进而保持身心健康的平衡。

你曾经有过这样的经历吗?受到领导或同事批评后委屈不已,或者暴跳如雷、不愿上班?和别人争吵后,气得上街乱逛,买一堆不合时宜的东西泄愤?……像这类"犯规"的举止,偶尔一次不要紧,如果经常这样,可就要小心了!因为不知不觉中,你已经成了情绪的"奴隶"。

大多数人都有过受累于情绪的经历,陷于情绪的泥淖而无法自拔,似乎烦恼、压抑、失落甚至痛苦总是接二连三地袭来,轻者会影响到日常的工作和生活的满意度,重者使人际关系受损,更甚者会遭遇身心疾病的侵袭,生活一片黑暗。

最近，乡下的父亲感冒了，身为一家电子产品代销商的刘贤得知情况后打算先给家里寄一万元，谁知老婆觉得感冒不是大病，花不了多少钱，3000元就够了。"每次给我父母寄钱，你说这说那，而给你父母寄钱买东西你倒是很乐意、很大方，都是父母，凭什么不一样？你再这样咱们没完。"说完，刘贤摔门而出。

刘贤带着满腔怒气，一路上总觉得看什么都不顺眼，心情糟糕透了。到了办公室，看见销售部的孙部长正和下属们聚在一起有说有笑，他正在气头上，语气严厉地喊道："孙肖良，我需要提醒你一句，我聘用你是来工作的，不是请你来讲笑话的！"

平常大家都称呼孙肖良为孙部长，现在刘贤严厉怒斥、直呼其名，孙部长不仅吓了一跳，而且还觉得有点儿尴尬，他委屈地辩解道："老大，这不是还有3分钟才到上班时间嘛，说笑一下咱们都有精神与干劲不是……"

"打住，打住！老大，什么老大？"以前孙部长也是这样称呼刘贤的，刘贤每次都会哈哈一乐，从没有责怪过他，但今天由于心情不好，他对着孙部长越吼越怒，"你以为公司是黑社会啊？你不要把公司风气给带歪了。"

想到自己在外面累死累活地做事情，在公司还要平白无故地受这样的怨气，这哪是人过的日子？孙肖良不由得也怒火中烧，于是和刘贤争吵了起来，最后一气之下，他辞职不干了，带着几个大客户投奔到了竞争对手的门下，处处和刘贤作对，令刘贤头痛不已。

刘贤之所以和妻子大吵大闹，对手下孙部长严厉怒斥，结果使曾经与他并肩作战的好朋友变成了商场上的敌人，平添了不少苦恼，就在于他不懂得管理自己的情绪，陷于情绪的泥淖而无法自拔，反而更加动怒。

值得一提的是，有时人的生理可以决定情绪，而情绪也会反作用于生理。《黄帝内经》中说：人有七情六欲，喜伤心、怒伤肝、忧伤肺、思伤脾、恐伤肾。可见，经常情绪失控的人，身体健康会受到威胁，又何谈善待自己呢？

美国作家罗伯·怀特说过："任何时候，一个人都不应该做自己情绪的奴隶，不应该使一切行动都受制于自己的情绪，而应该反过来控制情绪。无论境况多么糟糕，你应该努力去支配你的情绪，把自己从黑暗中拯救出来。"

的确，那些真正从容淡定的人，是能够充分控制自己情绪的人，他们善待自己、珍爱自己，绝不会让情绪控制自己，而是让情绪为自己服务，遇事不急、冷静处之，进而保证身心健康的平衡，不使自己和他人受到不必要的伤害。

一次，美国著名心理学家戴尔·卡耐基准备到一所学校去演讲。卡耐基先生的秘书莫莉在打印第二天的演讲稿时，因为有事情急着回家，她打印好后便将"稿件"匆匆地放在卡耐基先生的包里，自己就匆忙地离开了办公室。

第二天上午演讲的时候，卡耐基先生一打开演讲稿，念了几句，下面便哄堂大笑起来。原来，他原本给人们演讲的是如何摆脱心理忧郁，创造和谐的主题，谁知读的是一段关于如何让奶牛多产奶的新闻。

遇到这样的事情，估计很多人会尴尬不已、暴跳如雷地指责秘书，但卡耐基先生用了一分钟时间整理情绪后，心平气和地开始根据自己先前整理的观点，若无其事地继续发表自己的演讲。

事后，莫莉担心极了，红着脸检讨说："对不起，昨天我太粗心了，卡耐基先生。"

"没有关系，"卡耐基笑了笑，"你这样做使我自由发挥得更好，还真得感谢你呢！"

莫莉尴尬地笑了笑，以后她在工作中一丝不苟，再也没有犯过类似的错误。

喜怒哀乐是人之常情，想让自己在生活中没有情绪几乎是不可能的，不过管理好自己的情绪也并不是一件多么复杂或难以达到的事情，关键是我们要有效地控制、调整自己的情绪，做情绪的主人，做生活的主人。

事实上，情绪是可以管理的。激怒时要疏导、平静；过喜时要收敛、抑制；忧愁时宜释放、自解；思虑时应分散、消遣；悲伤时要转移、娱乐；恐惧时寻支持、帮助；惊慌时要镇定、沉着……情绪管理得好，身心才会健康。

情绪管理的关键是要主动及时，当情绪即将失控的时候，对自己坚定地说："我要控制情绪，做情绪的主人！"这样你的自主性就会被启动，你会发现自己完全可以战胜情绪，也唯有你可以担此重任。

适当地宽容自己,则能怡然自得

> 我们要学会宽容,不但要学会潇洒地放过别人,同时也要学会宽容自己,把自己的思想和身体从羞愧和内疚中解放出来,进而获得自由、获得快乐。宽容自己是一种善待自己的方式,也是一种完善自己的能力。

宽恕是一种高尚的情感。它显示了一份宽广的胸怀、一种包容的心态,大多数人都会认为宽恕是指原谅别人的错误、包容别人的罪过。其实,我们也要学会宽容自己,甚至宽恕自己要比宽恕别人更值得提倡。

俗话说:"人非圣贤,孰能无过。"在生活的道路上,我们每一个人都难免会犯下这样或那样的错误,这时候,唯有进行自我宽恕,把自己的思想和身体从羞愧和内疚中解放出来,才能获得自由、获得快乐。

也许,你会认为有别人宽恕我们就够了,但是他人的宽容只不过为一颗受伤的心带来一丝慰籍,自我宽容则是一种发自内心的善待自己,能使这颗心迅速地恢复往日的活力,获取到前进的勇气和力量。

一个人,如果不知自我宽容,一味地责备或苛求自己,只会变得越来越孤癖、越来越挑剔,所以,连自己身边的任何人:你的配偶、你的孩子、你的父母、你的朋友,甚至你的小狗都会对你的痛苦感同身受。

阿萍是个护士,她长得漂亮,也非常善解人意,只是性格太内向,以致过了而立之年都没有找到一个合适的男朋友。同事们就劝她要走出去,多交际才能找到自己的白马王子,于是她参加了舞蹈社团。

经过一段时间,阿萍居然喜欢上了社团的舞蹈男老师,男老师身材一流、舞技超群。他的一举一动都不停地冲撞着阿萍的内心，而男老师也对阿萍很有好感，两人的交往多了起来，而且越走越近。

突然有一天，男老师告诉阿萍自己已经有了家室，但是他和妻子的感情很不好，现在正在办理离婚手续。阿萍很是伤心，但是她对男老师已经爱得无法自拔，她想一生一世都和他在一起，便原谅了他。

谁知，没有过多长时间，男老师的妻子居然饮恨自杀了。而阿萍无法面对自己对别人造成的无边伤害，不仅断然拒绝了男老师的爱意，而且还伤心地辞了职，整日哭泣不已，也曾几度想离世而去。

每个有良知的人都会为那个已婚女人的死而悲叹和惋惜，可是如果没有阿萍的介入，她的婚姻就稳如磐石了吗？守着一个无爱的城堡不是照样凄冷？这样说，不是为阿萍开脱，只是阿萍为此而自我惩罚，未免太不爱惜自己了。

有句老话说："人非圣贤，孰能无过。"不管发生了什么，惩罚并不是最终的答案，而宽恕是我们能做到的调整自我的最好方法，我们应该宽恕自我的恐惧、生气、脆弱，以及不管之前如何的自责等。

同时，你应该相信："即使我有缺点，我会犯错，但并不代表我一无是处。其他人很可能不会对我的错误介意。即使别人对我的错误无法容忍，也不代表我没有任何希望，只是说明我需要改正罢了。"

当你学会宽恕自己，尽可能地宠爱自己，不再自我斥责、自我惩罚，用宽松的心态去面对身边的人或事时，你的心就会保持微笑，理性地面对现实，让自己拥有一个健康的身心和愉快的情绪，才能永远怡然自得，从而提高和完善自己。

他长得很帅，个子很高，不爱说话，有些淡淡的忧郁。爱琳娜对他一见倾心，遂在心里暗暗发誓，今生非这个男人不嫁。俗话说"男追女隔层山，女追男隔层纸"，爱琳娜终于如愿以偿，与他火速"闪婚"。但是幸福美满的生活只维持了一年，有人和爱琳娜揭那个男人的底，说他背地里如何如何花心、拈花惹草，还列了一串被他花过的名单。

爱琳娜哭着问他："你不是只爱我一个吗?"

男人轻轻地回答："我是很想只爱你一个，但是我对你找不到以前的感觉了,何况周围的好女孩太多了……"

一气之下，爱琳娜提出了离婚，对方也不含糊，立即拟好了一份离婚协议书。那段时间里，爱琳娜始终没能走出婚变的阴影，整日以泪洗面、懊恼不已，没想到自己苦苦追求来的居然是一个如此没有责任感的无赖。

后来，在家人和朋友的帮助下，爱琳娜意识到不能原谅自己，在脑海中不断地重播自己的错误，并不能帮助自己，只有放弃那些烦恼的事情，学会宽恕自己，不再和自己较劲儿，才能找到生活中的幸福。

爱琳娜想对自己好一点儿，她去了美发店，将多年的一头长发剪成了干净利落又时尚的短发，又去商场购买了几款适合自己肤质的化妆品，最后还特意去买了漂亮的衣服和鞋。精心打扮了自己一番，看着镜中漂亮的自己，爱琳娜的生命仿佛注入了新的活力，心情顿时愉快了很多，婚变的打击也没有那么让人难受了。

爱琳娜有信心把握好下一段婚姻。

爱琳娜之所以能够重新获得快乐，直面婚变的打击，正是因为她终于懂得爱惜自己、宽恕自己，内心活动的范围扩大了，不再揪着找错结婚对象的错误不放，也不再一直沉浸在自责和后悔中了。

宽容自己并不是自高自大、自以为是，更不是随意放纵自己的错误，而是接受或是忘记已经发生的错误。当做到这点时，我们将会感觉到自由、快乐和轻松。因此，让我们学会宽容自己吧。

宽容自己，在错误中学会自珍自爱;

宽容自己，在夹缝中找到一线生存的希望;

宽容自己，快乐与你同行。

自省，让我们的心灵更有力

自我反省是一次检阅自己的机会，是一次重新认识自己的机会，更是一次提升自己的机会。当内心变得纯净的时候，我们的心灵会更有力量，会自然而然地拥有爱心，不仅爱自己，还会爱大家，爱将变得广博。

花瓶里的花，如果不时常换水，再美丽也很快就会凋谢，只有时常换水，才可以保持花的新鲜。花的新鲜与我们身心清净的道理是相同的，我们要用什么方法来让自己的身心得到清净，获得淡定与从容的生活呢？

答案是自我反省！

置身于纷杂喧嚣、充满诱惑的现代生活中，我们的内心难免会有一些不光彩的想法，如欲望、抱怨、私心、嫉妒等，不过这并不要紧，我们完全可以通过自我反省来消灭这些心灵的"恶魔"，让我们的心灵更有力量。

自我反省是一次检阅自己的机会，是一次重新认识自己的机会，更是一次提升自己的机会。学会自省，是一种倾听自己、善待自己、回归自己的美好方式，犹如在大漠中听到驼铃、在大海中看见灯塔。

不过，自省的过程犹如用锋利的手术刀解剖自己，毫无疑问是痛苦的，但唯有这样，你的症结和缺陷才能明白显露，心灵上的污点才得以驱除。当内心变得纯净的时候，我们的心灵会更有力量，会自然而然地拥有爱心，不仅爱自己，还会爱大家，爱将变得广博。

有一句话说得好："看清别人容易，看清自己困难。"还有一句话是："能够反躬自省的人，就一定不是庸俗的人。"这些话都是在告诉我们，自我反省是一个人走向成熟与成功的必经之路。

自省，在很大程度上影响着一个人的前途和命运。

夏朝时期的大禹有个儿子叫伯启。一次，背叛他的诸侯有扈氏率兵入侵夏朝，夏禹就派伯启作为统帅发兵抵抗。经过几轮残酷的作战后，伯启不幸战败了。他的部下非常不服气，一致要求负罪再战。

这时候，伯启说："不用再战了。我的地盘不比他们的小，兵马也不比他们的差，结果我竟然被打败了，这是怎么一回事呢？我想，原因一定在我，或许是我的品德不如敌方将领，或许是教导军队的方法有错误。从今天起，我得努力找出自身的问题所在，加以改正后再出兵也不迟呀。"

从此以后，伯启不再讲究个人衣食，立志奋发、勤政爱民，尊重并任用有贤能的人才，他的城池和军队更是一天天强大起来。不过几年，有扈氏得知这个情况，非但不敢再来侵犯，还甘心地投降了伯启。

可见，一个善于自我反省、审视自我的人，总是能够保持身心的清净，他内心的力量是非常强大的，就像可大可小的柔韧的容器，能将自身能量收放自如，他的生活一定是远离平庸、浮躁和愚蠢的。

古希腊哲学家苏格拉底的名言是"认识你自己"，他还曾经说过这样一句话："未经自省的生命不值得存在。"生命的意义在于觉悟、自省、进取，苏格拉底将生命中的大部分时间用于自我检视，他的事业就是他的精神，自觉、自愿、自律从而自由的精神，通过他得到了光大。

那么，我们应该如何进行自省训练呢？以下两点可做借鉴。

1.拿出一个小本子，仔细、全面而诚实地检视自己，并据此列一个清单。在自己每个积极特点后面画一个加号，每个消极特点后面画一个减号。每天都浏览一下这个清单，告诉自己："我要××，不要××。"

2.通过对自我言行的回顾和反思，针对自己所要努力的方向或改正的缺点选择一些警句名言："冲动是魔鬼"、"人生最大的敌人是自己"等，时时对照和提醒、检查和校准自己，从而不断进取。

总之，能够控制自己的内心是一件善待自己的事情，我们要像天天洗脸、天天扫地那样天天自省，当内心变得纯净的时候，我们的心灵会更有力量，内心的和谐和平静、淡定和从容也就能得以实现。

珍惜生活中的"拥有"，而非"缺少"

每个人的生活都不缺少快乐，快乐就蕴藏在平凡的生活中。学会善待自己，怀有一颗感恩的心，好好地去珍惜已经拥有的东西，而不是缺少的东西，这样才能真切地感受到生活中的快乐，活得更加洒脱与轻松。

拥有好工作、好房子，有父母、有妻子、有孩子、有朋友，可以说这样的生活很幸福，这样的人很快乐，可是有些人却说他们感受不到自己的幸福，从来没有得到过快乐，这是为什么呢？

这是因为，很多人已经习惯不看自己拥有的，而是关注自己所没有的，那么尽管他自己拥有得再多，也一定感受不到快乐。正如叔本华所说："我们对自己已经拥有的东西很难去想它，但对所缺乏的东西却总是念念不忘，这是我们不快乐的根源。"

有一个天使很热心、很善良，他时常到凡间去帮助人，希望能够让更多的人感受到幸福和快乐的味道。一天，天使遇到一位诗人，他的妻子温柔美丽，儿子活泼可爱，还有一群热情善良的朋友，但是他却愁眉不展、唉声叹气，看起来十分不快乐。

天使走上前，问他："你看起来十分不快乐，我能够帮助你吗？"

诗人对天使说道："我什么都有，但是只欠一件东西，你能够满足我的愿望吗？"

天使回答说："可以，你缺少什么呢？"

"我缺少的是快乐！我的儿子太调皮，很不听话，天天把我闹得心神不宁；我的妻子尽管温柔，但是我们没有共同的话题，每天也与她说不上几句话；我的邻居们天天更是烦人，有事没事都来家里拜访，打扰到了我的生活……"

妻子、儿子、朋友都不能让他感到快乐，反而令他感到不快乐，这下可把天使难倒了，天使想了想，说："我明白了，好吧，我满足你的愿望。"然后，他将诗人周围的所有人都带走了，只剩下诗人孤零零地一个人生活在人间。

一开始，诗人还很高兴，但没过几天，他意识到没有了儿子的欢闹、妻子对他的体贴、邻居时常对他的鼓励，生活顿时变得凄凉无比，他才知道原来自己的生活是多么幸福，他后悔莫及，觉得自己活在世界上已经没有任何意义了，便准备死去。

正在这时，天使又来到诗人的身边，并将他的儿子、妻子和邻居又还给了他。诗人抱着儿子，搂着妻子，站在朋友们中间，他满脸笑容，不停地向天使道谢，因为他现在已经得到真正的快乐了。

其实，每个人的生活都不缺少快乐，快乐就蕴藏在平凡的生活中，只是因为我们缺少一颗能够感受快乐的心灵。快乐明明就在眼前，可是却不够细心，视而不见、体会不到，这可能就是"身在福中不知福"。

有福固然很重要，但如果不懂得爱惜，最后只能是竹篮打水一场空，因此，我们要学会善待自己，怀有一颗感恩的心，好好地去珍惜已经拥有的东西，而不是缺少的东西，这样才能真切地感受到生活中的快乐，才能活得更加洒脱与轻松。

出生时，由于医生的疏失，黄美廉女士的脑部神经受到严重的伤害，自幼就患上了脑性麻痹症，以致颜面、四肢肌肉都失去正常作用，她不能说话，嘴还向一边扭曲，口水也止不住地往流下。但是黄美廉女士快乐地用手当画笔，画出了加州大学艺术博士学位，也画出了自己生命的灿烂。

黄美廉的成就，就是一般的正常人都很难达到，更何况她是一位重度的脑性麻痹患者，为何她看起来始终是那么快乐呢？到底她有什么秘诀呢？黄美廉到处办自己的画展,现身说法,将这个秘密告诉了人们。

一次演讲会上,有个学生直言不讳地问她:"请问黄博士,您为什么这么快乐呢?您从小身有残疾,您是怎么看待自己的,有没有过别样的想法?"对一位身有残疾的女士来说,这个问题是那样的尖锐而苛刻,但黄美廉朝着这位学生笑了笑,转身用粉笔重重在黑板上写下一句话:我怎么看自己?

写完后,黄美廉回头冲在场的学生们笑了一下,接着又在黑板上龙飞凤舞地写着自己对问题的答案。

1.上帝很疼爱我!

2.我很可爱!

3.我会画画、会写稿!

4.我的腿很美很长!

5.爸爸妈妈好爱我!

……

黄美廉一下子写出了几十条让她热爱生活的理由,并且,是热爱得那样的理直气壮,接着她又在黑板上重重写下了她的那句名言:我只看我所有的,不看我所没有的……笑容从她的嘴角荡漾开,一种淡然、傲然的神情溢满了她的脸。

台下传来了如雷般的掌声……

"我只看我所拥有的,不看我所没有的"。是的,所谓拥"有",是有限有量;所谓空"无",是无穷无尽,如能以"有"的胸怀来消除"无"的狭隘,如此,心灵的源泉便不会枯竭,快乐便汩汩而流。

既然上帝给了我们一颗美丽的心灵,我们何不用它来感受快乐呢?在你烦闷时,亲人的一句问候是一种快乐;在你无助时,朋友的一句鼓励是一种快乐;在你筋疲力尽时,爱人一个温暖的拥抱是一种快乐……只要回归心灵的淡泊与宁静,便有一个宁静、温馨的避风港,足以让我们常常喜乐。